Abdelilah Mejdoubi

Étude Par Simulation Numérique Des Propriétés Diélectriques

Abdelilah Mejdoubi

Étude Par Simulation Numérique Des Propriétés Diélectriques

Hétérostructures Multiphasiques Contenant Des Inclusions De Forme Arbitraire

Presses Académiques Francophones

Impressum / Mentions légales

Bibliografische Information der Deutschen Nationalbibliothek: Die Deutsche Nationalbibliothek verzeichnet diese Publikation in der Deutschen Nationalbibliografie; detaillierte bibliografische Daten sind im Internet über http://dnb.d-nb.de abrufbar.

Alle in diesem Buch genannten Marken und Produktnamen unterliegen warenzeichen-, marken- oder patentrechtlichem Schutz bzw. sind Warenzeichen oder eingetragene Warenzeichen der jeweiligen Inhaber. Die Wiedergabe von Marken, Produktnamen, Gebrauchsnamen, Handelsnamen, Warenbezeichnungen u.s.w. in diesem Werk berechtigt auch ohne besondere Kennzeichnung nicht zu der Annahme, dass solche Namen im Sinne der Warenzeichen- und Markenschutzgesetzgebung als frei zu betrachten wären und daher von jedermann benutzt werden dürften.

Information bibliographique publiée par la Deutsche Nationalbibliothek: La Deutsche Nationalbibliothek inscrit cette publication à la Deutsche Nationalbibliografie; des données bibliographiques détaillées sont disponibles sur internet à l'adresse http://dnb.d-nb.de.

Toutes marques et noms de produits mentionnés dans ce livre demeurent sous la protection des marques, des marques déposées et des brevets, et sont des marques ou des marques déposées de leurs détenteurs respectifs. L'utilisation des marques, noms de produits, noms communs, noms commerciaux, descriptions de produits, etc, même sans qu'ils soient mentionnés de façon particulière dans ce livre ne signifie en aucune façon que ces noms peuvent être utilisés sans restriction à l'égard de la législation pour la protection des marques et des marques déposées et pourraient donc être utilisés par quiconque.

Coverbild / Photo de couverture: www.ingimage.com

Verlag / Editeur:
Presses Académiques Francophones
ist ein Imprint der / est une marque déposée de
AV Akademikerverlag GmbH & Co. KG
Heinrich-Böcking-Str. 6-8, 66121 Saarbrücken, Deutschland / Allemagne
Email: info@presses-academiques.com

Herstellung: siehe letzte Seite /
Impression: voir la dernière page
ISBN: 978-3-8381-7589-8

ANNÉE 2007

THÈSE

ÉTUDE PAR SIMULATION NUMÉRIQUE DES PROPRIÉTÉS DIÉLECTRIQUES D'HÉTÉROSTRUCTURES MULTIPHASIQUES CONTENANT DES INCLUSIONS DE FORME ARBITRAIRE

présentée à :
l'Université de Bretagne Occidentale

Pour obtenir :
Le grade de docteur

Spécialité :
ÉLECTRONIQUE

École doctorale :
Sciences de la Matière, de l'Information et de la Santé

Par :
Abdelilah MEJDOUBI

SOUTENUE PUBLIQUEMENT LE 20 JUIN 2007 DEVANT LE JURY COMPOSÉ DE :

A. BÉROUAL, Professeur à l'École Centrale de Lyon	Rapporteur
S. ZOUHDI, Professeur à l'Université Pierre et Marie Curie	Rapporteur
S. BERTHIER, Professeur à l'Université Paris 7-Diderot	Examinateur
M. BENBOUZID, Professeur à l'Université de Bretagne Occidentale	Examinateur
C. BROSSEAU, Professeur à l'Université de Bretagne Occidentale	Directeur de thèse

Recherches effectuées au LEST-UMR CNRS 6165 UBO-ENSTBr
UBO : 6, avenue le Gorgeu CS-93837 - 29238 Brest Cedex 3
ENSTBr : Z.I de kernevent-Plouzané - BP 832-29285 Brest Cedexe

À mes parents.

À mes frères et soeurs.

À la mémoire de mes grands-parents.

« Y'a plus d'saisons qui tiennent... »
M. Le Forestier

Remerciements

Cette thèse s'est déroulée au laboratoire d'Électronique et des Systèmes des Télécommunications (LEST UMR CNRS 6165) de l'Université de Bretagne Occidentale.

Je remercie M. Christian Brosseau qui a dirigé et encadré cette thèse avec dynamisme, détermination, lucidité et ambition scientifique.

Je tiens à remercier M. le professeur Abderahmane Béroual de l'Ecole Centrale de Lyon et M. le professeur Saïd Zouhdi de l'Université Pierre et Marie Curie de paris d'avoir accepté d'être les rapporteurs de mes travaux. Merci à M. le Professeur Serge Berthier de l'Université Paris 7-Diderot pour m'avoir fait l'honneur de présider le Jury de ma soutenance de thèse, et à M. le Professeur Benbouzid Mohamed de l'Université de Bretagne Occidentale pour avoir accepté de faire partie du Jury.

Il me tient à coeur également d'exprimer ici toute ma reconnaissance et ma profonde amitié à Olivier Reynet, Maître de Conférences à l'Université de Bretagne Occidentale, pour l'aide incommensurable et l'enthousiasme qu'il a pu m'apporter tous les jours, et qui fait de cette thèse ce qu'elle est aujourd'hui.

Merci à tous les membres du LEST : Patrick Quéffélec, Philippe Talbot, Jean-Luc Mattéi, Sophie Lasquellec, Eric Rius, Wilfried Ndong, Noham Martin, Annaig Guennou, Baptiste Vrigneau... Ce travail est aussi le vôtre !

Un profond merci à Serge De Blasi pour m'avoir redonné confiance en l'avenir... et en l'Homme à chaque fois que j'ai douté. Ses conseils et son soutien ont contribué à la réussite de ce travail, et m'ont permis de garder le moral dans les moments difficiles.

Je remercie également M. Alain Escabasse, Ingénieur d'étude du département d'Électronique de l'UFR Sciences et Techniques de l'U.B.O. pour l'installation des divers logiciels, que j'ai eu à utiliser. Merci pour votre ouverture d'esprit !

A toi mon père, je dis un immense merci. Je te suis infiniment reconnaissant pour ton soutien et tes encouragements.

Je remercie également mes frères et soeurs, ainsi que mes amis et amies, ceux et celles que je porte dans mon coeur, et qui m'ont toujours encouragé et supporté moralement.

RESUMÉ

Ce travail porte sur la modélisation numérique des propriétés diélectriques de matériaux composites modèles à deux et trois phases comportant des inclusions de forme arbitraire. Deux approches numériques basées sur la méthode des éléments finis (FE) et celle des différences finies dans le domaine temporel (FDTD) sont implantées et validées. Dans un premier temps nous décrivons une méthode de simulation FDTD pour étudier l'influence de la géométrie de l'inclusion sur les propriétés diélectriques effectives d'une structure hétérogène non-dissipative bidimensionnelle à deux phases. Nous avons spécifiquement considéré une géométrie fractale de l'inclusion et examinons les conséquences de la symétrie d'auto-similarité sur la permittivité du matériau composite. Dans un deuxième temps, nous utilisons une méthode de simulation FE permettant le calcul de la permittivité effective complexe de structures bidimensionnelles perforées. Ces calculs permettent d'apporter un éclairage innovant sur le rôle des différents paramètres (fraction surfacique et périmètre de l'inclusion, contraste de permittivité entre l'inclusion et la matrice hôte, pertes diélectriques, et forme des trous) influençant la permittivité effective. Nous montrons également que le facteur de dépolarisation d'une inclusion dans une structure composite peut être finement ajusté selon la forme de l'inclusion, le contraste de permittivité entre l'inclusion et la matrice, ainsi que par la polarisation du champ électrique. L'originalité de la méthode est de mettre à profit le caractère dipolaire des interactions électrostatiques dans la limite diluée. Les propriétés diélectriques de matériaux artificiels (métamatériaux) sont également analysées afin d'en isoler des comportements spécifiques. Nous montrons que la forme de l'inclusion influe sur la position de la résonance électrostatique (RE). Selon la forme de l'inclusion, son arrangement dans le composite (isolée, ou structurée en réseau), ses paramètres intrinsèques, nous mettons en évidence une hiérarchie originale des positions de la RE. Enfin à l'aide de structures encapsulées, nous montrons qu'un contrôle précis des propriétés de RE de structures de type métamatériaux (permittivité dont la partie réelle est négative) peut être réalisé par la polarisation du champ excitateur et la topologie de l'inclusion. L'ensemble de ces résultats numériques permet d'apporter un éclairage innovant sur la réponse diélectrique de matériaux composites à la base d'un très grand nombre d'application technologiques.

Mots clefs :   Matériaux Composites, Homogénéisation, Permittivité Effective, Milieux Perforés, Facteur de Dépolarisation, Résonance Electrostatique Intrinsèque, Méthodes Numériques.

Abstract

Computational methods were used to characterize the dielectric properties of periodic heterostructures. We first report a systematic finite-difference time-domain study on the dielectric properties of two-dimensional two-phase heterostructures. More specifically, we present extensive results of FDTD computations on the quasistatic effective permittivity of a single inclusion, with arbitrarily complex geometry (regular polygons and fractals), embedded in a plane. Next, a finite-element methodology has been applied to simulate two-dimensional (2D) two-phase heterostructures containing a dielectric inclusion with arbitrary shape. Finite-element (FE) simulations of the effective complex permittivity of perforated two-dimensional (2D) lossy heterostructures are reported. Given the paucity of experimental and numerical data, we set out to systematically investigate the trends that shape and permittivity contrast between the inclusion and the host matrix have on the depolarization factor (DF). The effect of the first- versus second-order concentration virial coefficient on the value of the DF is considered for a variety of inclusion shapes and a large set of material properties. Our findings suggest that the DF for a 2D inclusion is highly tunable depending on the choice of these parameters. We also report finite-element (FE) calculations of the effective (relative) permittivity of composite materials consisting of particles and particle arrays with a core-shell structure embedded in a surrounding host. We carried out systematic FE simulations to evaluate the effect of particle shape, coating thickness, and constituent permittivity on the intrinsic electrostatic resonance (ER) of structures composed either of isolated particle, or square array of particles. While one may identify features of the ER which are common to core-shell structures characterized by permittivities with real parts of opposite signs, it appears that the predicted ER positions are sensitive to the shell thickness and can be tuned through varying this geometric parameter.

Keywords :   Composite Materials, Homogenization, Effective Permittivity, Perforated Heterostructures, Depolarization Factor, Intrinsic Electrostatic Resonances, Numerical Methods.

Table des matières

Contexte

L'étude des propriétés physiques des matériaux hétérogènes est un axe fort de recherche depuis plusieurs décennies. La constitution microscopique de ces matériaux relève généralement d'un assemblage aléatoire de constituants souvent très différents les uns des autres selon une topologie compliquée. Il est cependant possible de prédire les propriétés électromagnétiques moyennes d'un tel matériau en le remplaçant par un matériau homogène effectif équivalent et d'en étudier la réponse à l'échelle macroscopique. La théorie de l'homogénéisation répond à cette attente.

Pourquoi s'intéresser aux propriétés diélectriques de ces matériaux ? La permittivité est une propriété fondamentale pour de nombreuses applications dans les domaines aussi variés que l'ingénierie des matériaux pour l'électronique, la compatibilité électromagnétique, ou encore les applications biomédicales et géophysiques. Le problème (direct) générique est de pouvoir déterminer la réponse diélectrique à une excitation de champ électrique connaissant les propriétés intrinsèques des constituants (à supposer qu'on puisse les dénombrer), c-à-d, permittivité et forme. Un deuxième type de problème (problème inverse) consiste à "remonter" à ces propriétés intrinsèques par la connaissance de la réponse macroscopique qui est l'observable du problème. C'est par l'analyse de ces deux types de problèmes qu'on peut appréhender les difficultés fondamentales de modélisation qui résultent de : (i) la multiplicité des échelles d'espace associées au désordre, (ii) la possible interaction entre les différentes phases qui fait que le problème ne peut pas être posé en termes de "somme de propriétés", (iii) éventuellement de l'aspect dynamique qui fait que le désordre n'est pas forcément figé thermodynamiquement, et (4i) la multi-fonctionnalité à l'origine de nombreuses "propriétés produit" dont un exemple typique est l'effet magnéto-électrique. On comprendra aisément que la complexité de ces problématique implique qu'une théorie des hétérostructures diélectriques n'est pas actuellement disponible. Cependant, les physiciens ont cherché des approches phénoménologiques ou approximatives qui impliquent souvent une "moyenne" sur les propriétés des matériaux, c-à-d en reliant les flux caractéristiques des propriétés de transport aux gradients de champ moyen.

Dans les années 1980 et 1990, les sciences des matériaux ont connu une renaissance grâce aux développements des outils de simulation de la morphologie de ces systèmes complexes. La simulation numérique est ainsi devenue une troisième voie de recherche entre la théorie et l'expérience. A l'heure actuelle, les simulations numériques permettent de traiter la majeure partie des problèmes physiques ouverts et les modèles utilisés ne cessent d'évoluer. La possibilité de simuler des phénomènes toujours plus complexes entraîne toutefois une augmentation du nombre de grandeurs physiques nécessaires à la caractérisation des matériaux composites en utilisant des modèles numériques. Les résultats numériques peuvent ainsi contribuer à l'acceptation ou au rejet des théories analytiques et peuvent également indiquer les directions dans lesquelles de nouvelles approches doivent être développées.

Parmi les méthodes numériques utilisées pour traiter les problèmes fondamentaux concernant les matériaux composites, on notera celles basées sur les différences finies (FD), les éléments finis (FE), les équations intégrales de frontières, la méthode des moments, la dynamique moléculaire, ou encore la méthode de Monte-Carlo.

Depuis maintenant pratiquement une décennie est développée au sein du LEST de l'UBO, une thématique "Électromagnétisme Numérique" dont les objectifs sont par l'application des méthodes précitées de bien caractériser les propriétés physiques, ainsi que le couplage entre celles-ci, de structures fortement hétérogènes. Bien que focalisée sur le domaine des micro-ondes, cette thématique se place délibérément dans une approche quasi-statique limitant de fait la taille maximum des hétérogénéités du matériau. De nombreux résultats numériques, validés pour certains par l'expérience sur diverses hétérostructures (polymères chargés en noirs de carbone, nanostructures granulaires, plasto-ferrites, etc) ont permis de tracer une "feuille de route" dans laquelle s'inscrit cette présente étude.

Une récente analyse critique de la littérature sur les hétérostructures diélectriques, menée par Brosseau [1] a permis de dégager cinq étapes fondamentales dans l'histoire de la compréhension des idées et des concepts fondamentaux qui permettent de structurer une analyse de leur réponse diélectrique : (1) l'introduction de lois phénoménologiques dites lois de mélange, (2) l'introduction de modèles effectifs basés sur une approche statistique, (3) la mise au point de bornes sur les grandeurs physiques qui caractérisent les propriétés de transport, (4) l'introduction des concepts de percolation dans le cadre de la physique statistique, et (5) plus récemment l'apparition de méthodes numériques qui permettent de construire des structures à morphologie "contrôlée".

Cependant, même avec l'arrivée de ces outils numériques, de nombreux problèmes ouverts existe sur les propriétés de polarisation d'hétérostructures déterministes. C'est dans ce contexte que cette étude s'est réalisée. En "écartant" délibérément la notion d'aléatoire pour ne conserver que des objets isolés, ou régulièrement positionnés sur des réseaux, nous cherchons à essayer de dégager des premiers principes qui nous permettront de contribuer à une meilleure connaissance de la réponse diélectrique de matériaux multiphasiques contenant des inclusions de forme arbitraire.

Ce mémoire se divise en trois parties principales. La première partie est consacrée à une synthèse bibliographique des concepts fondamentaux qui sous-tendent la compréhension des propriétés diélectriques de matériaux hétérogènes. La deuxième partie porte sur la description des méthodes numériques utilisées pour le calcul de la permittivité effective de matériaux composites, et plus particulièrement la méthode des différences finis dans le domaine temporel (FDTD) et la méthode des éléments finis (FE). La troisième partie est consacrée à la présentation des différents résultats de simulation. Cette partie est divisée en plusieurs thèmes. Tout d'abord, nous présentons les résultats issus de simulation FDTD de la caractérisation de structures renfermant une inclusion de forme complexe. Ensuite nous étudions l'effet de la porosité sur la permittivité effective de structures perforées, puis nous évaluons la valeur numérique du facteur de dépolarisation d'une inclusion de forme arbitraire. Finalement, nous étudions le phénomène de résonance électrostatique de structures diélectriques à permittivité négative. Enfin, une conclusion résume les faits saillants obtenus dans cette étude.

Première partie

Synthèse bibliographique

Modélisation des propriétés diélectriques de matériaux composites

Sommaire

1.1 Introduction

L'étude du transport d'une onde électromagnétique dans les systèmes denses hétérogènes est devenu une thématique majeure depuis plusieurs décennies dans le but de concevoir des matériaux composites appropriés à une fonctionnalité spécifique. Le calcul de la réponse diélectrique de composites issus d'un mélange de substances homogènes avec différentes fonctions de réponse représente le problème majeur dans l'étude des hétérostructures diélectriques. Différents modèles analytiques ont été proposés dans la littérature depuis le début de l'Electromagnétisme moderne (post-Maxwellien) avec différents degrés de succès [2–6]. Dans la plupart de ces modèles, l'étude des propriétés de polarisation a été basée sur une approche quasistatique, c-à-d. caractérisé par l'interaction avec la matière d'un champ électromagnétique à grande longueur d'onde. La propagation d'une onde électromagnétique dans une hétérostructure est généralement compliquée à décrire théoriquement. Ceci est dû à la nature multi-échelle des fluctuations (spatiales, voire temporelles) locales associées aux inhomogénéités. Cependant dans le cadre d'une description grande longueur d'onde, où l'on évacue les petites échelles, la notion de milieu effectif prend tout son sens et permet de décrire la réponse diélectrique de l'hétérostructure par une moyenne définie sur un volume représentatif du matériau [7–10]. D'un point de vue historique, les démarches conceptuelles qui ont permis d'obtenir aux corps de connaissances actuelles peuvent se structurer en plusieurs étapes. De nombreux chercheurs ont tout d'abord cherché des lois phénoménologiques (lois de mélange) à partir d'arguments empiriques, visant à exprimer la permittivité d'un mélange hétérogène en fonction des permittivités et des fractions volumiques des constituants. Cependant, ces lois ne prennent pas en compte la physique des interactions entre inclusions, ainsi que celle associée aux interactions inclusion/matrice, et ne contiennent généralement que trés peu d'information sur la structure du matériau. Dès lors, le domaine de validité de ces lois est restreint à la limite diluée dans la plupart des cas. En plus ces lois de mélange ne sont généralement pas transposables d'un système à un autre.

Le deuxième type de démarche développée par les physiciens a été de proposer, dans le cadre de l'Électrodynamique, des théories basées sur les notions de champ local et de champ moyen. Ainsi les lois de Maxwell Garnett (MG), ou encore de Bruggeman (SBG) ont été proposées dans l'objectif de trouver un support théorique en terme de "premiers principes" qui manquait dans l'expression des lois de mélanges. Puis, dans les années 1960-1980 a été développé un ensemble d'idées basées sur des concepts issus de la physique statistique permettant notamment de décrire les propriétés diélectriques spécifiques aux mélanges diélectrique/conducteur. Dans ces mélanges, l'observation d'une transition brutale à une certaine concentration particulière (seuil critique) de particules conductrices dans le mélange s'intègre dans le cadre des théories de la percolation. L'utilisation de lois d'échelles et d'exposants critiques permet alors de bien caractériser les variations de la permittivité et la conductivité au voisinage de la transition de percolation. Cependant, ces méthodes sophistiquées sont assez difficiles à vérifier expérimentalement car elles necéssitent beaucoup de "points de mesure" au voisinage du seuil critique de percolation, et une information précise sur les caractéristiques morphologiques de ces mélanges. De façon parallèle, pendant ces mêmes décennies sont apparues des méthodes de bornes non pas une évaluation précise des grandeurs effectives, mais un intervalle dans lequel les valeurs de ces grandeurs sont autorisées.

Plus récemment sont apparus des méthodes d'électromagnétisme numérique basées sur les outils de type Monte-Carlo, éléments finis, FDTD, etc. Partant du principe qu'il est impossible de mener une étude électromagnétique exacte pour la plupart des matériaux hétérogènes de type aléatoire pour lesquels la répartition spatiale des phases est décrite par des lois probabilistes, car ceci nécessiterait la connaissance du champ électrique local en tout point du matériau (or en général le détail de l'arrangement microscopique des divers constituants est impossible à connaître de façon précise), seule une approche en termes de moments est relevante. De plus, même si l'on était capable de connaître de façon "exacte" la morphologie du matériau, le calcul analytique serait impossible à réaliser. Cependant, un certain nombre d'approches théoriques, basées sur des simplifications, ou des approximations existent. D'un point de vue du transport électromagnétique, ce type de modélisation dépend fortement du rapport entre une taille typique des inclusions et la longueur d'onde de l'onde électromagnétique. L'hypothèse fondamentale est de considérer que cette taille typique est beaucoup plus petite que la longueur d'onde ou toute autre échelle d'absorption comme l'épaisseur de peau. La permittivité effective est alors la permittivité d'un matériau homogène fictif qui se comporte de façon identique au matériau hétérogène réel d'un point de vue du transport de l'onde électromagnétique. Le principe de l'existence d'une permittivité effective est tout-à-fait fondamental puisqu'il est à la base de beaucoup de travaux portant sur la modélisation électromagnétique des mélanges par les approches numériques.

L'électromagnétisme numérique a permis de préciser les limites de validité des lois analytiques de la littérature et permis de générer de nombreux résultats originaux permettant d'optimiser un matériau ou une structure en fonction de l'application considérée. De plus les méthodes numériques permettent "d'anticiper" ou de "prédire" de nouveaux types

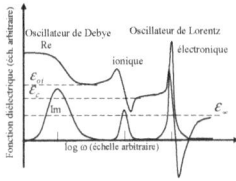

Fig. 1.1 – *Séparation des échelles de temps correspondant aux différents processus de polarisation électrique* [12].

de structures pour lesquelles la réalisation au laboratoire n'est pas actuellement disponible, citons à titre d'exemple les métamatériaux dont les propriétés de résonance électrostatique seront abordées au chapitre 7.

L'objectif de ce chapitre est de rappeler assez brièvement les concepts de base qui permettent l'analyse physique des propriétés diélectriques de matériaux composites. Nous rappelons tout d'abord le principe de polarisation électrique qui sous-tend la grandeur physique de base de l'étude qui va suivre, à savoir la permittivité. Puis dans une deuxième étape, nous rappelons les grandes lignes des théories et les principales approximations qui seront utilisées par la suite dans ce manuscrit. Enfin, nous posons les questions auxquelles nous allons nous confronter dans ce travail et argumentons sur l'intérêt d'utiliser une approche numérique pour tenter de les résoudre.

1.2 Phénomènes de polarisation

Les phénomènes de propagation d'une onde électromagnétique dans un milieu ayant des propriétés électriques (caractérisées par la permittivité relative ε) et magnétiques (caractérisées par la perméabilité magnétique relative μ) peuvent être étudiées dans le cadre de l'électrodynamique classique. Dans le cadre de la théorie de la réponse linéaire, lorsqu'un matériau donné est soumis à un champ électromagnétique, l'induction électrique résultante peut être reliée au champ électrique appliqué par une relation linéaire proportionnelle à ε. De façon analogue, on peut relier l'induction magnétique résultante du champ magnétique appliqué à l'aide de μ. Ces deux grandeurs sont généralement des grandeurs complexes tensorielles. Leur partie réelle caractérise la capacité du matériau à stocker l'énergie sous forme électrique ou magnétique. Leur partie imaginaire est liée à la dissipation de cette énergie. Ces deux phénomènes sont dus aux effets de polarisation induits par le champ électromagnétique en interaction avec le matériau. Dans ce qui suit, nous rappelons brièvement quelques éléments importants qui décrivent les phénomènes de polarisation pour les milieux diélectriques linéaires.

La polarisation est typiquement définie par la réponse du matériau à l'application d'un champ électrique extérieur. Cette réponse est caractérisée par une redistribution des charges et une réorientation des dipôles à l'intérieur du matériau. Très brièvement, on peut distinguer quatre mécanismes de polarisation (Fig. 1.1) : électronique, ionique (atomique), dipolaire (d'orientation) et interfaciale. La polarisation totale est alors la résultante des différents types de polarisation [11, 12].

   — *la polarisation électronique* est due à une oscillation du barycentre des charges électroniques par rapport au noyau sous l'influence du champ électrique. Du fait de la faible masse des électrons, ces oscillations ont lieu à des fréquences très élevées, supérieures à $10^{15} - 10^{16}$ Hz (correspondant à des longueurs d'onde comprise entre 0.3 et 0.03 μm). Elle est présente dans tous les diélectriques, sans exception.

   — *la polarisation ionique (ou atomique)* est crée lorsque les noyaux se déplacent les uns par rapport aux autres.

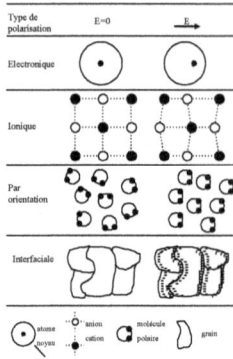

Fig. 1.2 – *Différents types de polarisation* [11].

L'inertie correspondante se manifestera pour des fréquences bien inférieures aux fréquences optiques. Typiquement, cette polarisabilité sera effective pour des fréquences de l'ordre de 10^{13} Hz $(30 \, \mu m)$ soit dans le domaine de l'infrarouge. Ce type de polarisation est bien caractérisé par la spectroscopie vibrationnelle.

– *la polarisation dipolaire (ou d'orientation)* concerne les molécules possédant des entités ayant un moment dipolaire permanent. La structure de ces molécules étant asymétrique : le centre de gravité résultant de toutes les charges négatives d'une telle molécule ne coïncide pas avec celui de toutes ses charges positives (la molécule est un dipôle électrique). Les temps de réponse seront très divers, selon la force des interactions entre les molécules devant se réorienter. Ce type de polarisation s'observe dans le domaine des ondes radio.

– *la polarisation interfaciale* est due à l'accumulation de charges libres aux interfaces entre des milieux différents. Ce phénomène sera important dans les systémes ayant une forte densité d'interfaces.

La Fig. 1.2, résume les différents types de polarisations exposés ci-dessus en fonction de leur domaine de fréquence relevant. Lorsqu'on soumet le matériau à un champ alternatif à fréquence variable, ces différents types de polarisation apparaissent dans des domaines spatiaux bien séparés. A basse fréquence, toutes les charges suivent les variations du champ. Lorsqu'on augmente la fréquence, les charges les plus liées ne peuvent plus suivre ces variations. Il apparaît donc un retard et des pertes d'énergie représentées par la partie imaginaire de la permittivité.

1.3 Les pertes électriques

La permittivité (relative), ε, est généralement une grandeur tensorielle qui dépend de la fréquence où chaque terme du tenseur est un paramètre de la forme :

$$\varepsilon(\omega) = \varepsilon' - j\varepsilon'' = |\varepsilon| exp(-j\gamma) \tag{1.1}$$

où les quantités ε', ε'', et γ sont des grandeurs réelles. ε'' est le facteur de pertes diélectriques, et γ représente l'argument des pertes diélectriques [11].

Dans le cas d'un matériau homogène isotrope, la permittivité électrique se réduit à un scalaire. Le vecteur d'induction $\vec{D}$ peut s'écrire sous la forme :

$$\vec{D} = \varepsilon_0 \vec{E} + \vec{P} = \varepsilon \varepsilon_0 \vec{E} \qquad (1.2)$$

où ε_0 est la permittivité diélectrique du vide ($\varepsilon_0 = 8.854 \, 10^{-12} \, [F/m]$), et $\vec{P}$ le vecteur polarisation (ou moment dipolaire par unité de volume) crée par le déplacement des charges en opposition au champ extérieur. Dans le cadre de la théorie de la réponse linéaire, la polarisation électrique est proportionnelle au champ électrique que les charges subissent. Elle peut s'écrire sous la forme suivante :

$$\vec{P} = N\alpha \vec{E}_{local} \qquad (1.3)$$

où N est le nombre de dipôles par unité de volume et α est la polarisabilité des atomes (ou des molécules). Le champ $\vec{E}_{local}$ que subissent les dipôles n'est pas identique au champ électrique $\vec{E}$ excitateur mais dépend de la structure interne du matériau. Si on regroupe les formules (1.2) et (1.3), on obtient :

$$(\varepsilon - 1)\vec{E} = \frac{N\alpha}{\varepsilon_0} \vec{E}_{local} \qquad (1.4)$$

Cette équation de passage micro-macro montre que la permittivité dépend du nombre et de la polarisabilité des dipôles de la microstructure, du champ que les dipôles subissent, et du champ macroscopique appliqué. Le champ local sera influencé par la présence des dipôles voisins quand le milieu est dense. Par contre, l'hypothèse d'un champ extérieur qui s'apparente au champ "ressenti" par chaque dipôle peut être légitime, lorsque la concentration des dipôles est faible (hypothèse de la suspension diluée). La polarisabilité α, grandeur microscopique, est caractéristique des différents mécanismes de polarisation et dépend du milieu concerné, ainsi que de la fréquence du champ excitateur.

A partir de la connaissance de la permittivité ε et du champ appliqué $\vec{E}$, la puissance dissipée et l'énergie électrique s'écrivent respectivement par :

$$P_d = \frac{\varepsilon_0}{2} \int \omega \varepsilon'' |E|^2 \qquad (1.5)$$

$$W_e = \frac{\varepsilon_0}{2} \int \varepsilon' |E|^2 \qquad (1.6)$$

On note que ε' pilote l'énergie stockée. Quand au produit $\omega \varepsilon_0 \varepsilon''$, il contribue à la puissance dissipée et est homogène à une conductivité σ. Un diélectrique parfait est caractérisé par $\varepsilon'' = 0$, et un "bon" diélectrique est caractérisé par un ε' constant, et une faible valeur de ε''.

Les pertes diélectriques sont généralement exprimées en fonction de la tangente de perte diélectrique définie comme le rapport entre la partie imaginaire et la partie réelle de ε :

$$\tan \delta = \frac{\varepsilon''}{\varepsilon'} \qquad (1.7)$$

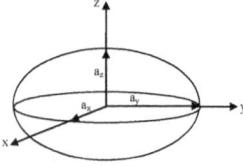

Fig. 1.3 – *Géométrie d'un ellipsoïde diélectrique.*

1.4 Polarisabilité : cas de l'éllipsoïde

A titre illustratif, nous rappelons quelques résultats sur la polarisabilité. Considérons un matériau continu homogène contenant une inclusion ellipsoïdale homogène d'un matériau de nature différente (inclusion) de volume V, dont les axes principaux sont a_x, a_y et a_z soumis à un champ extérieur uniforme. On se place dans le repère Cartésien $(O, \vec{x}, \vec{y}, \vec{z})$ dont les vecteurs unitaires sont dans la direction des axes principaux de l'ellipsoïde (Fig. 1.3). L'induction électrique moyenne $\vec{D}$ est directement proportionnelle au champ macroscopique $\vec{E}$ appliqué (par exemple suivant la direction x). Le champ local $\vec{E}_{local}$ suivant la direction x peut s'écrire selon [13] :

$$\vec{E}_{local} = \frac{\varepsilon_1}{\varepsilon_1 + A_x(\varepsilon_2 - \varepsilon_1)} \vec{E} \tag{1.8}$$

où A_x est la composante suivant la direction x- du tenseur dépolarisation, ε_2 est la permittivité de l'éllipsoïde, ε_1 est la permittivité du milieu continu et α la polarisabilité.

La composante de la polarisabilité α_x pour un ellipsoïde orienté suivant la direction du champ appliqué est donnée par :

$$\alpha_x = \frac{4\pi a_x a_y a_z}{3} (\varepsilon_2 - \varepsilon_1) \frac{\varepsilon_1}{\varepsilon_1 + A_x(\varepsilon_2 - \varepsilon_1)} \tag{1.9}$$

Pour des inclusions orientées suivant y- et z-, les composantes de la polarisabilité peuvent être obtenues, en remplaçant A_x par A_y et A_z, respectivement.

La polarisabilité peut être représentée par une forme matricielle diagonale dans le système de coordonnées Cartésiennes considéré par :

$$\overline{\overline{\alpha}} = \begin{bmatrix} \alpha_x & 0 & 0 \\ 0 & \alpha_y & 0 \\ 0 & 0 & \alpha_z \end{bmatrix}$$

La polarisabilité $\overline{\overline{\alpha}}$ est déduite de ce qui précède par [13] :

$$\overline{\overline{\alpha}} = \frac{4\pi a_x a_y a_z}{3} (\varepsilon_2 - \varepsilon_1) \sum_{j=x,y,z} \frac{\varepsilon_1}{\varepsilon_1 + A_j(\varepsilon_2 - \varepsilon_1)} \tag{1.10}$$

Le polarisabilité peut alors être considérée comme un opérateur tensoriel agissant sur le champ externe. Le moment dipolaire par unité de volume est alors donné par :

$$\vec{P} = \overline{\overline{\alpha}} \vec{E} \tag{1.11}$$

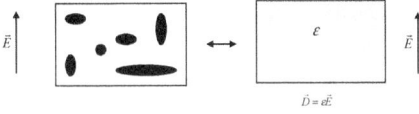

Fig. 1.4 – *L'homogénéisation consiste à remplacer le milieu hétérogène par un milieu homogène effectif qui a les mêmes propriétés diélectriques.*

Cet exemple illustre le fait que la permittivité effective macroscopique, celle qui est obtenue par exemple par l'Eq. 1.4, est sous la dépendance de la polarisabilité, elle même dépendant des paramétres géométriques du problème, des permittivités intrinséques des composantes du mélange, et du facteur de dépolarisation (annexe A). Ces grandeurs basiques sont les données d'entrée des lois de mélange et des équations du milieu effectif.

1.5   Lois de mélange et modèles de champ effectif

Dans un milieu homogène, la permittivité ne dépend pas des variables d'espace, elle conserve la même valeur en tout point du milieu. Ce n'est plus le cas dans un milieu hétérogène. Cependant, lorsque la taille des hétérogénéités est petite devant la longueur d'onde du signal, alors le milieu peut être représenté par une permittivité moyenne. On dit que le milieu est homogénéisable. Le problème qui se pose alors est de relier cette permittivité moyenne (effective) à celles des différents constituants (Fig. 1.4). Cette quantité dépend des propriétés spécifiques des constituants (morphologie, topologie), de leurs fractions volumiques, de leurs formes, et de leurs tailles.

De façon très générale, la permittivité effective dépend du degré de complexité de la structure du composite. Si la répartition des inhomogénéités est distribuée dans la matrice de façon périodique, la permittivité effective peut être évaluée analytiquement sous certaines conditions par différentes méthodes [1, 12]. Par contre, pour les milieux dont la distribution spatiale des inclusions est désordonnée, il n'existe pas de solution rigoureuse. Le recours, soit à des méthodes numériques pour construire la morphologie interne, soit à des lois phénomonologiques (lois de mélange) [1], soit à des approches de type milieu effectif [1, 12], ou encore aux méthodes de bornes [1] devient alors incontournable pour l'évaluation de la permittivité.

1.5.1   Approche quasi-statique

Quand on considère la propagation d'une onde électromagnétique dans un milieu hétérogène, plusieurs échelles d'espace sont importantes : tout d'abord, la longueur d'onde de l'onde propagatrice, puis la taille typique des hétérogénéités, éventuellement une longueur d'atténuation δ (épaisseur de peau), ainsi qu'un ensemble de longueurs caractéristiques (libre parcours moyen élastique $l_e = \frac{1}{n\sigma_e}$, où n est le nombre de diffuseur par unité de volume, σ_e est la section efficace de la diffusion et libre parcours moyen d'absorption $l_a = \frac{1}{n\sigma_a}$ où σ_a est la section efficace d'absorption). Dans l'hypothèse grande longueur d'onde (quasi-statique), tout se passe comme si l'onde se propageant dans le milieu ne percevait pas les détails intimes du désordre spatial. Le milieu peut alors s'apparenter à un milieu homogène caractérisé par une permittivité effective si les conditions suivantes sont vérifiées :

$$|kd| \ll 1 \tag{1.12}$$

$$|k_i d| \ll 1 \qquad i = 1, 2 \tag{1.13}$$

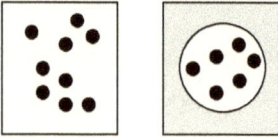

Fig. 1.5 – *La notion de sphère de Lorentz permet de simuler l'espace en deux régions différentes. La sphère est choisie de telle façon que sa taille est grande devant la particule considérée. La partie de l'espace extérieur à la sphère est considérée comme un milieu continu.*

avec $k_i = \frac{\omega}{c}(\varepsilon_i \mu_i)^{\frac{1}{2}}$ représentant les vecteurs d'onde associés aux milieux de permittivité ε_1 et ε_2 et de perméabilité μ_1 et μ_2 ; k étant le vecteur d'onde dans le milieu et d définissant une taille typique du désordre. A partir de l'Eq. 1.12, il est aisé de montrer que l'approche quasi-statique n'est valide que dans un régime basse fréquence dont la limite supérieure en fréquence angulaire du champ d'excitation est donnée par $\frac{c}{d(\varepsilon \mu)^{\frac{1}{2}}}$.

Dans la suite, on s'intéresse essentiellement aux systèmes hétérogènes tels que $d > l_a > l_e$. c-à-d. tels que l'on puisse négliger la diffusion et la dissipation d'énergie. Dans ces hypothèses, le concept du milieu effectif prend tout son sens. Le domaine de validité du concept de milieu effectif est donc directement lié à la taille des inclusions constituant les inhomogénéités. Les inclusions de taille supérieure à la longueur d'onde dans le milieu diffuseront l'onde incidente. D'autres méthodes prenant en compte la diffusion doivent alors être utilisées pour d'écrire les propriétés diélectriques de composites [12].

1.5.2 L'approche du milieu effectif par la notion de champ local

Sans rentrer dans les détails des développements physiques qui sous-tendent les théories du milieu effectif [12, 13], nous pouvons noter que selon l'utilisation, soit de la matrice T moyennée, soit de l'approximation du potentiel cohérent, nous pouvons aboutir soit à l'équation de Maxwell Garnett (MG), soit à l'équation symétrique de Bruggeman (SBG), respectivement. Notre objectif n'étant pas ici d'apporter des nouveautés dans ces développements statistiques, nous préférons rappeler à partir de la notion de champ local, qui elle par contre sera utilisée par la suite, comment on peut retrouver les équations MG et SBG à l'aide de la théorie de Clausius et Mossoti.

Cette théorie repose sur l'hypothèse qu'une particule diélectrique plongée dans un champ uniforme se comporte comme un dipôle électrique. Lorsque plusieurs particules sont plongées dans ce champ, le champ vu par chaque particule est la somme du champ appliqué et d'un champ d'interaction [12, 13].

La méthode consiste à déterminer le champ interne d'une particule dans le cas d'un milieu constitué de particules sphériques disposées aux noeuds d'un réseau en appliquant à ce problème le principe de la sphère de Lorentz. Celle ci consiste à effectuer la sommation des champs dus aux autres particules dans une sphère virtuelle (sphère de Lorentz) centrée au point d'observation [12]. Le milieu extérieur à la sphère de Lorentz est traité comme un continuum. Le champ local est alors calculé par la somme du champ appliqué $\vec{E}_0$, de la composante $\vec{E}_c$ due au continuum, et du champ $\vec{E}_c$ dû aux sphères situées à l'intérieur de la sphère de Lorentz.

L'approximation de Lorentz consiste à dire que la somme des champs, d'origine dipolaire, créés par les sphères situées à l'intérieur de la cavité est nulle. Ce résultat est exacte lorsque tous les noeuds du réseau sont occupés, et que la symétrie du réseau est cubique. Dans le cas des mélanges, il n'est vérifié que lorsque la cavité est peu peuplée (faible concentration). Les interactions d'ordre multipolaires ne sont pas prises en compte. Le champ macroscopique créé par un

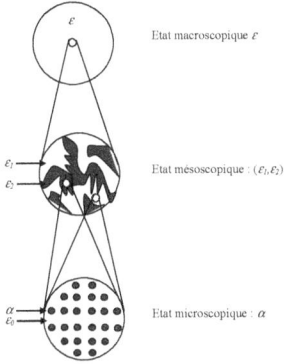

Fig. 1.6 – *Principe de l'analyse multi-échelle du passage du macroscopique au microscopique* [12].

milieu continu uniformément polarisé, soit pour une cavité sphérique [12], vaut :

$$\vec{E}_e = \frac{\vec{P}}{3\varepsilon_0} \tag{1.14}$$

On en déduit alors l'expression du champ local :

$$\vec{E}_{local} = \vec{E}_0 + \vec{E}_e = \frac{2+\varepsilon}{3}\vec{E}_0 \tag{1.15}$$

La polarisation par unité de volume d'un milieu constitué de k types de particules, de polarisabilité α_k et dont le nombre de particules d'espèce par unité de volume est N_k, s'écrit :

$$\vec{P} = \sum_k N_k \alpha_k \vec{E}_{local} \tag{1.16}$$

En introduisant l'Eq. 1.15, dans l'Eq. 1.16, et en faisant usage de la définition de la polarisation (Eq. 1.2), nous obtenons la relation de Clausius Mossotti :

$$\frac{\varepsilon - 1}{\varepsilon + 2} = \frac{1}{3\varepsilon_0} \sum_k N_k \alpha_k \tag{1.17}$$

Cette équation fait apparaître de nouveau une relation de passage entre deux échelles macro-méso. Si on reprend le raisonnement pour passer de l'échelle mésoscopique à l'échelle microscopique (voir Fig. 1.6), en supposant que les hypothèses d'application de l'Eq. 1.17, restent valables, nous aboutissons à :

$$\frac{\varepsilon_k - 1}{\varepsilon_k + 2} = \frac{1}{3\varepsilon_0} N_{ak} \alpha_k \tag{1.18}$$

où N_{ak} est le nombre d'atome k par unité de volume du matériau k.

La relation de passage macro-micro est alors donnée par :

$$\frac{\varepsilon - 1}{\varepsilon + 2} = \frac{1}{3} \sum_k N_k \left[\frac{3\varepsilon_0}{N_{ak}} \frac{\varepsilon_k - 1}{\varepsilon_k + 2} \right] \tag{1.19}$$

car $\frac{N_{ak}}{N_k}$ est égale à la fraction volumique ϕ_k occupée par le matériau k dans le composite. D'où on obtient :

$$\frac{\varepsilon - 1}{\varepsilon + 2} = \frac{1}{3\varepsilon_0} \sum_k \phi_k \frac{\varepsilon_k - 1}{\varepsilon_k + 2} \tag{1.20}$$

On retrouve ainsi l'équation de MG définie pour des inclusions de formes sphérique. En faisant $\varepsilon = 1$ dans le terme de gauche de l'Eq. 1.20, on retrouve l'équation de SBG [3].

De façon assez générale, il est intéressant de remarquer que la permittivité effective ε de matériaux composites biphasés peut se représenter sous la forme d'une fonctionnelle :

$$\frac{\varepsilon}{\varepsilon_1} = f(\frac{\varepsilon_2}{\varepsilon_1}, \phi_2, A) \tag{1.21}$$

où $A(0 \leq A \leq 1)$ désigne le facteur de dépolarisation (FD) d'une inclusion qui dépend de sa forme (pour une géomètrie discoïdale $A = \frac{1}{2}$) et du contraste de permittivité entre l'inclusion (ε_2), et la matrice hôte (ε_1), ϕ_2 étant la fraction surfacique (ou volumique) de l'inclusion.

Ainsi, la fonction f associée à la formule de Maxwell Garnett s'écrit à 2D :

$$f(\frac{\varepsilon_2}{\varepsilon_1}, \phi_2, A) = 1 + \frac{\phi_2(\frac{\varepsilon_2}{\varepsilon_1} - 1)}{1 + A(1 - \phi_2)(\frac{\varepsilon_2}{\varepsilon_1} - 1)} \tag{1.22}$$

pour l'équation SBG, f prend la forme :

$$f(\frac{\varepsilon_2}{\varepsilon_1}, \phi_2, A) = \frac{1 - A(1 + \frac{\varepsilon_2}{\varepsilon_1}) + \phi_2(\frac{\varepsilon_2}{\varepsilon_1} - 1) \pm \sqrt{[1 - A(1 + \frac{\varepsilon_2}{\varepsilon_1}) + \phi_2(\frac{\varepsilon_2}{\varepsilon_1} - 1)]^2 + 4A(1 - A)\frac{\varepsilon_2}{\varepsilon_1}}}{2(1 - A)} \tag{1.23}$$

Nous ferons usage de ces fonctions au chapitre 5 pour l'évaluation du FD d'inclusions de forme arbitraire.

1.5.3 Exemples de lois de mélange

– **Loi de Böttcher** : Dans cette approche, la matrice hôte et les inclusions sont symétrisées [4]. Böttcher a proposé une formule permettant de retrouver la permittivité effective de milieux pour lesquels la concentration des particules est si forte que chaque particule est entourée par le mélange plutôt que par un composant donné. Cette relation a pour expression :

$$\frac{\varepsilon - \varepsilon_2}{\varepsilon} = 3\phi_2 \frac{\varepsilon_1 - \varepsilon_2}{\varepsilon_1 + 2\varepsilon} \tag{1.24}$$

– **Loi de Looyenga** : Dans la formulation de cette loi de mélange, Looyenga [5] considère que les deux constituants du mélange ont des permittivités proches l'une de l'autre et sont telles que $\varepsilon_1 = \varepsilon - \Delta\varepsilon$ et $\varepsilon_2 = \varepsilon + \Delta\varepsilon$, avec $\Delta\varepsilon$ étant pris comme un infiniment petit pour effectuer un développement en série de Taylor. La permittivité effective du mélange peut alors être écrite sous la forme suivante :

$$\varepsilon = \left\{ \varepsilon_2^{\frac{1}{3}} + \phi_2(\varepsilon_1^{\frac{1}{3}} - \varepsilon_2^{\frac{1}{3}}) \right\}^3 \tag{1.25}$$

L'intérêt de cette approche est d'éviter le calcul explicite du champ interne. Elle ne tient compte, cependant, ni des interactions, ni de la forme des particules. Elle est, de plus, limitée au cas des faibles contrastes de permittivité et aux faibles taux de charges.

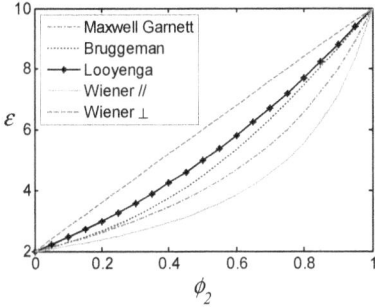

Fig. 1.7 – *Valeurs des permittivités effectives d'un milieu composite constitué de deux substances (inclusion discoïdale $\varepsilon_2 = 10$) dans une matrice ($\varepsilon_1 = 2$). Les courbes correspondantes aux formules de Maxwell-Garnett (MG), de Bruggeman (SBG), de Looyenga, et de Wiener (cas // et $\perp$).*

– **Modèle de Wiener** : Les particules et la matrice hôte sont supposés dissociées. Pour trouver l'expression de la permittivité effective ε en fonction de la permittivité des inclusions et de la matrice, le milieu est assimilé à une capacité résultant de l'association des deux constituants. Si le champ électrique est orthogonal aux couches, les deux condensateurs sont en série. La valeur de ε est alors donnée par l'équation :

$$\frac{1}{\varepsilon_\perp} = \frac{1 - \phi_2}{\varepsilon_1} + \frac{\phi_2}{\varepsilon_2} \tag{1.26}$$

Si le champ électrique est parallèle aux couches, les deux condensateurs sont en parallèle. La valeur de ε est alors donnée par l'équation :

$$\varepsilon_{//} = (1 - \phi_2)\varepsilon_1 + \phi_2\varepsilon_2 \tag{1.27}$$

1.5.4 Un exemple de comparaison entre les modèles analytiques (lois de mélange et approche d'un milieu effectif)

La Fig. 1.7, présente un exemple de comparaison entre les prédictions de différentes lois de mélanges et modèles du milieu effectif en fonction de la concentration en inclusions. Le système considéré est un composite 2D formé par un disque ($\varepsilon_2 = 10$) inclus dans une matrice plane ($\varepsilon_1 = 2$). On constate que l'utilisation de ces équations conduit à des évolutions sensiblement différentes les unes des autres. Ces courbes ne sont pas superposables sur la gamme de concentration considérée.

1.6 Bornes de Hashin et Shtrikman

Les propriétés effectives peuvent être encadrées par des bornes dépendant de la connaissance restreinte des propriétés statistiques du composite. Les bornes les plus couramment utilisées sont celles de Hashin et Shtrikman (HS) [14], basées sur la connaissance des fractions volumiques des constituants pour un milieu statistiquement isotrope. L'optimalité des bornes de HS a été prouvée par de nombreux auteurs (Hashin, 1962 ; Hashin et Shtrikman, 1962). Les deux bornes ε_L (resp. ε_U) c-à-d. minimum (respectivement maximum) de HS sont données par les formules suivantes :

$$\varepsilon_L = \varepsilon_1\phi_1 + \varepsilon_2\phi_2 - \frac{\phi_1\phi_2(\varepsilon_2 - \varepsilon_1)^2}{\varepsilon_1\phi_2 + \varepsilon_2\phi_1 + (d-1)\varepsilon_1} \tag{1.28}$$

$$\varepsilon_U = \varepsilon_1 \phi_1 + \varepsilon_2 \phi_2 - \frac{\phi_1 \phi_2 (\varepsilon_2 - \varepsilon_1)^2}{\varepsilon_1 \phi_2 + \varepsilon_2 \phi_1 + (d-1)\varepsilon_2} \tag{1.29}$$

Dans le cas 2D (resp. 3D), $d = 2$ (resp. $d = 3$).

1.7 Electromagnétisme numérique

L'utilisation de méthodes numériques devient incontournable pour l'étude des propriétés physiques de matériaux composites même pour les structures les plus simples. Ceci est d'autant plus vrai que les approches analytiques proposées jusqu'à présent et qui viennent d'être rappelées font toutes usage d'approximations qui en limitent leur validité. Leur transférabilité et leur universalité posent également un problème non-résolu.

L'aspect multi-échelle, le désordre spatial, un grand nombre de degrés de liberté associés au nombre de constituants, leurs éventuelles interactions à différentes échelles forment un ensemble de paramétrages qui peuvent être pris en compte chacun indépendamment par la simulation numérique. Le fait de pouvoir évaluer l'influence d'un paramètre indépendant de tous les autres constitue sans nul doute le principal bénéfice des approches numériques qui seront détaillées dans le chapitre suivant.

Dans un article récent de synthèse. Brosseau [1] a résumé quelles sont les limitations de ces approches. La taille des systèmes, la représentation des désordres possibles, la prise en compte des couplages multi-échelles, voire le temps de calcul avec des ressources informatiques données peuvent constituer des "verrous" significatifs au développement de l'approche numérique des propriétés physiques de composites.

Cependant, l'analyse multifonctionnelle des propriétés physiques croisées, dont un exemple est la magnéto-électricité constitue selon nous, une possibilité d'extension des travaux actuels concernant l'Électromagnétisme numérique qui est d'une richesse insoupçonnée. Cet aspect numérique devient une étape nécessaire pour la fabrication "virtuelle" de structures ou matériaux avant le passage au laboratoire, permettant de s'épargner des voies de synthèse infructueuses. Nous soulignons cependant la vigilance de garder avant toute conclusion physique sur des résultats numériques obtenus par ces méthodes, car ceux-ci en s'inscrivant dans le cadre de l'Électrodynamique doivent évidemment en satisfaire les premiers principes. Dans ce contexte, les approches analytiques et les évaluations par bornage des grandeurs physiques conservent leur intérêt pour la validation et l'analyse critiques des résultats.

1.8 Questions posées dans ce travail

De façon à restreindre notre démarche, nous pouvons maintenant lister les principaux problèmes auxquels nous nous sommes confrontés. Le fil directeur de nos travaux est défini par l'aspect arbitraire de la forme d'inclusion des phases constituant le matériau composite pour lequel nous cherchons à évaluer les propriétés électriques.

(i) Les approches analytiques, de type MG ou SBG, sont basées sur l'utilisation de la fraction volumique (ou surfacique) et du FD comme seuls descripteurs morphologiques des inclusions. Est-ce que ces seuls paramètres sont suffisants pour pouvoir prendre en compte la complexité et la généralité des topologies d'inclusion ? A partir du moment où le FD n'est pas explicitement connu pour une forme d'inclusion arbitraire, l'approche analytique est limitative. Peut-on à l'aide de méthodes numériques étendre la connaissance des valeurs du FD à des formes complexe ?

(ii) Quelle est l'influence de la perforation d'une inclusion sur les caractéristiques diélectriques ? Selon le type de pore (ouvert ou fermé), que peut-on attendre d'une faible (ou forte) porosité sur ces caractéristiques ?

(iii) Une des limitations principales des approches de type lois de mélange, ou modèles de champ effectif réside dans la validation restreinte à la limite diluée (approximation dipolaire). Peut-on évaluer précisément la composition des mélanges à partir de laquelle les approches analytiques tombent en défaut ?

(4i) Les phénomènes de résonance sont généralement mal décrits par les approches analytiques car ils font apparaître des infinis dans les équations. Peut-on, par l'approche numérique aller au delà de cette limitation, et conduire à une description fine des caractéristiques de la résonance électrostatique ? Peut-on contrôler cette résonance et comment, de façon à piloter les renforcements de champ local qui sont la signature de cette résonance.

1.9 Conclusion

Dans ce chapitre que nous avons voulu délibérément bref, pour inscrire notre démarche dans l'Électromagnétisme numérique et non pas dans le cadre de la physique statistique, nous avons rappelé les concepts et les idées de base qui nous permettront ultérieurement d'interpréter et d'apporter des connaissances nouvelles dans l'analyse des propriétés diélectriques d'hétérostructures multiphasiques contenant des inclusions de forme arbitraire.

Dans la suite de notre démarche, nous détaillons maintenant le principe des développements numériques que nous proposons pour atteindre notre objectif.

Deuxième partie

Méthodes Numériques

2

Méthodes Numériques

Sommaire

2.1 Introduction

Avec l'évolution rapide des moyens informatiques et des logiciels de calcul scientifique, les méthodes numériques ont pris une part prédominante dans la résolution des problèmes électromagnétiques. Dans ce domaine nous pouvons classer les méthodes en deux groupes : d'une part, celles qui, comme la méthode des moments (MM), ne nécessitent pas le maillage de l'espace entourant l'objet et, d'autre part, celles qui, comme la méthode des différences finies dans le domaine temporel (FDTD : finite difference time domain) [15, 16], et la méthode des éléments finis (FE : finite element) [17–19], qui necessitent un maillage de l'espace.

Dans le cas de la méthode des moments, la prise en compte de l'espace libre entourant l'objet analysé est en principe parfaite. Ce type de méthode pose néanmoins des problèmes difficiles à résoudre dans le cas d'un milieu fortement hétérogène. Les méthodes FDTD ou FE utilisent les équations de Maxwell dans l'espace entièrement discrétisé. Un avantage notable de ces méthodes réside dans le fait qu'elles sont à même de prendre en compte des structures fortement hétérogènes. Cependant leur problème principal est lié à la taille du maillage de l'espace. De multiples études ont été menées pour tenter de remédier à ce problème. Ainsi de nombreuses méthodes (Mur, Bérenger) ont permis de réduire, sans perte sensible de précision, l'espace à discrétiser.

Dans ce chapitre, nous décrivons dans les grandes lignes, les premiers principes liés à la compréhension des méthodes FDTD et FE dans l'objectif de pouvoir les utiliser pour l'évaluation de la permittivité effective de matériaux et structures hétérogènes.

2.2 Principe et limites de la FDTD

La méthode des différences finies que ce soit dans les domaines temporel ou spectral est particulièrement bien adaptée à l'étude des interactions entre une onde électromagnétique et un système hétérogène, notamment ceux formés par des matériaux complexes multiphasés dont les caractéristiques morphologiques, comme par exemple, les interfaces sont difficiles à appréhender. Cette méthode est un instrument de choix depuis les travaux de pionniers de Yee en 1966 [15], puis de Taflove [16] dans les années 1975. Ses atouts résident dans sa capacité à modéliser des structures à la fois bidimensionnelles (2D) et tridimensionnelles (3D). De plus, elle peut s'appliquer en faisant usage soit de systèmes de coordonnées orthogonales, ou non-orthogonales. Elle permet notamment la résolution directe des équations de Maxwell dans le domaine temporel sur une structure dont les distributions spatiales de la permittivité et de la conductivité sont arbitraires. Les équations de base sont très simples et vérifient les formes dérivées et intégrales des équations de Maxwell. En utilisant cette méthode, nous pouvons évaluer les énergies électromagnétiques rayonnées et stockée dans la structure. Diverses conditions aux limites ABC (PML (Perfectly Matched Layer), UPML (Uniaxial Perfectly Matched Layer)) sont employées pour tronquer le domaine de calcul, afin de simuler la propagation d'une onde plane dans une région infinie. On peut ainsi à partir de la propagation d'une seule impulsion temporelle, obtenir des spectres en fréquence en divers points de la structure ainsi que des cartes de champs harmoniques.

2.2.1 Les équations de Maxwell

La méthode FDTD se fonde sur la résolution directe des équations de Maxwell dans la structure étudiée. Nous considérons dans la suite, un milieu homogène, isotrope, non-dispersif, sans source et transparent caractérisé par une permittivité (relative) ε et une perméabilité magnétique (relative) μ réelles. Les équations différentielles de Maxwell-Faraday et de Maxwell-Ampère sont définies dans le domaine temporel par :

$$\overrightarrow{rot}\vec{H} = \frac{\partial\left(\varepsilon\vec{E}\right)}{\partial t} \qquad (2.1) \qquad\qquad \overrightarrow{rot}\vec{E} = -\frac{\partial\left(\mu\vec{H}\right)}{\partial t} \qquad (2.2)$$

où $\vec{E}$ et $\vec{H}$ désignent les champs électrique et magnétique, respectivement.

En projetant les Eqs. 2.1 et 2.2, dans un repère Cartésien (O, x, y, z), on obtient :

$$\frac{\partial H_x}{\partial t} = \frac{1}{\mu}\left(\frac{\partial E_y}{\partial z} - \frac{\partial E_z}{\partial y}\right) \qquad (2.3) \qquad\qquad \frac{\partial H_y}{\partial t} = \frac{1}{\mu}\left(\frac{\partial E_z}{\partial x} - \frac{\partial E_x}{\partial z}\right) \qquad (2.4)$$

$$\frac{\partial H_z}{\partial t} = \frac{1}{\mu}\left(\frac{\partial E_x}{\partial y} - \frac{\partial E_y}{\partial x}\right) \qquad (2.5) \qquad\qquad \frac{\partial E_x}{\partial t} = \frac{1}{\varepsilon}\left(\frac{\partial H_z}{\partial y} - \frac{\partial H_y}{\partial z}\right) \qquad (2.6)$$

$$\frac{\partial E_y}{\partial t} = \frac{1}{\varepsilon}\left(\frac{\partial H_x}{\partial z} - \frac{\partial H_z}{\partial x}\right) \qquad (2.7) \qquad\qquad \frac{\partial E_z}{\partial t} = \frac{1}{\varepsilon}\left(\frac{\partial H_y}{\partial x} - \frac{\partial H_x}{\partial y}\right) \qquad (2.8)$$

Pour résoudre ce système d'équations, on applique la méthode des différences finies [20]. La démarche consiste à

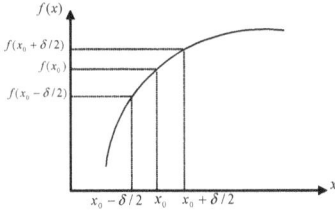

Fig. 2.1 – *Principe de calcul de la dérivée première de $f(x)$ locale en x_0.*

évaluer chaque dérivée spatiale et temporelle des six composantes des champs. De plus, la réduction de ce système dans le plan (xy) permet de découpler ce système en deux sous-systèmes indépendants. L'un fait intervenir les composantes du champ magnétique du plan (H_x, H_y) et la composante normale au plan (E_z) ; l'autre fait intervenir les composantes du champ électrique du plan (E_x, E_y) et la composante normale au plan (H_z). Le premier cas se réfère au mode TM (tranverse magnétique) et le second cas se réfère au mode TE (tranverse électrique). Dans la suite de ce travail le mode TE a été utilisé. Les équations se limitent donc aux Eqs. 2.5, 2.6 et 2.7.

2.2.2 La méthode des différences finies

D'un point de vue numérique, l'utilisation d'expressions programmables passe par la discrétisation des formulations analytiques. Les dérivées spatiales et temporelles des équations de Maxwell peuvent être traitées numériquement par la technique des différences finies [20]. L'approximation des dérivées aux différents points de l'espace discret est réalisée par différenciation des valeurs des noeuds voisins ou point de dérivation. Soit $f(x)$ une fonction continue représentant une composante du champ électrique ou magnétique et dérivable en point de l'espace comme le montre la Fig. 2.1.

Les développements limités en série de Taylor à droite et à gauche de x_0 avec un décalage de $\pm\Delta/2$ s'écrivent :

$$f\left(x_0 + \frac{\Delta}{2}\right) = f(x_0) + \frac{\Delta}{2}f'(x) + \frac{1}{2!}\left(\frac{\Delta}{2}\right)^2 f''(x) + \frac{1}{3!}\left(\frac{\Delta}{2}\right)^3 f'''(x) + ..., \qquad (2.9)$$

$$f\left(x_0 - \frac{\Delta}{2}\right) = f(x_0) - \frac{\Delta}{2}f'(x) + \frac{1}{2!}\left(\frac{\Delta}{2}\right)^2 f''(x) - \frac{1}{3!}\left(\frac{\Delta}{2}\right)^3 f'''(x) + ... \qquad (2.10)$$

En utilisant les Eqs. 2.9 et 2.10, limitées à l'ordre 2, la dérivée première de f au point x_0 peut être évaluée de manière centrée à l'ordre 2 comme suit :

$$\left.\frac{\partial f}{\partial x}\right|_{x=x_0} = \frac{f\left(x_0 + \frac{\Delta}{2}\right) - f\left(x_0 - \frac{\Delta}{2}\right)}{\Delta} + O\left(\Delta^2\right) \qquad (2.11)$$

On obtient l'Eq. 2.11, en sommant les développements limités au troisième ordre de f en $x_0 + \frac{\Delta}{2}$ et $x_0 - \frac{\Delta}{2}$.

2.2.3 La cellule de Yee

En pratique, on utilise une double discrétisation spatiale et temporelle des milieux continus par les différences finies, appliquée aux équations de Maxwell couplées, à l'aide de maillage par cellules élémentaires (cellules de Yee). Le domaine

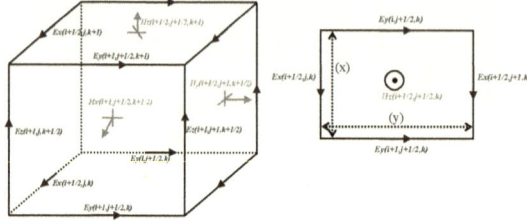

Fig. 2.2 – *Cellule de Yee (discrétisation spatiale) à trois (à gauche) et à deux (à droite) dimensions.*

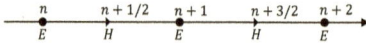

Fig. 2.3 – *Discrétisation temporelle.*

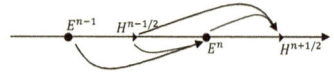

Fig. 2.4 – *Schéma itératif : "saute mouton".*

de calcul est subdivisé en cellules parallélépipédiques où les six composantes du champ électromagnétique sont "éclatées".

A chaque arête du maillage, on associe la composante parallèle à l'arête du champ électrique régnant au milieu de l'arête.

A chaque face du maillage, on associe la composante normale à la face du champ magnétique régnant au centre de la face comme le montre la Fig. 2.2. On constate que les discrétisations spatiales des composantes des champs électrique et magnétique seront décalées d'un demi pas spatial ($\Delta/2$), avec $\Delta x = \Delta y = \Delta$. De la même manière les discrétisations temporelles des composantes des champs électrique et magnétique seront décalées d'un demi pas temporel ($\Delta t/2$). En d'autres termes, le champ électrique sera évalué aux instants $n\Delta t$, et le champ magnétique sera évalué aux instants $(n+1/2)\,\Delta t$, avec n étant un entier (Fig. 2.3).

En appliquant la méthode des différences finies centrées, la discrétisation des Eqs. 2.5 et 2.6, respectivement au point $((i-1/2)\,\Delta x,\, j\Delta y,\, k\Delta z)$ à l'instant $(n-1/2)\Delta t$, et au point $((i-1/2)\,\Delta x,\, (j-1/2)\,\Delta y,\, k\Delta z)$ à l'instant $n\Delta t$, nous pouvons écrire :

$$
\begin{aligned}
E_x^n\,(i-1/2,j,k) \;=\;& E_x^{n-1}\,(i-1/2,j,k) + \\
& \frac{\Delta t}{\varepsilon_0 \varepsilon}\left(\frac{H_z^{n-1/2}(i-1/2,j+1/2,k)-H_z^{n-1/2}(i-1/2,j-1/2,k)}{\Delta_y} - \frac{H_y^{n-1/2}(i-1/2,j,k+1/2)-H_y^{n-1/2}(i-1/2,j,k-1/2)}{\Delta_z} \right)
\end{aligned}
\tag{2.12}
$$

$$
\begin{aligned}
H_z^{n+1/2}\,(i-1/2,j-1/2,k) \;=\;& H_z^{n-1/2}\,(i-1/2,j-1/2,k) - \\
& \frac{\delta t}{\mu_0 \mu}\left(\frac{E_y^n(i,j-1/2,k)-E_y^n(i-1,j-1/2,k)}{\delta_x} - \frac{E_x^n(i-1/2,j,k)-E_x^n(i-1/2,j-1,k)}{\delta_y} \right)
\end{aligned}
\tag{2.13}
$$

Les différentes composantes des champs sont donc évaluées en fonction des composantes voisines et antécédentes pour chaque pas temporel et pour chaque cellule de l'espace de modélisation, comme on peut le voir dans les Eqs. 2.12 et 2.13, de mise à jour des composantes du champ électromagnétique. La solution $\left(\overrightarrow{E},\overrightarrow{H}\right)$ se construit ainsi de manière itérative dans le domaine temporel (Fig. 2.4). On parle alors de schéma saute-mouton ("leap-frog"). En raison de limitations, tant en puissance de calcul qu'en capacité mémoire, il s'avère intéressant de modéliser des structures ou des matériaux à deux dimensions (2D). Cela revient à considérer que, quelle que soit la composante f des champs, $\frac{\partial f}{\partial z} = 0$. D'un point de vue physique, la structure 2D considérée est en fait une structure 3D dont les propriétés électromagnétique sont invariantes selon l'axe z (symétrie axiale). Ce point sera discuté ultérieurement dans les hypothèses physiques des calculs des chapitres suivants. En 2D, les modes TE, (E_x, E_y, H_z) et, TM, (H_x, H_y, E_z) sont indépendants.

2.2.4 Stabilité

Comme tous les schémas explicites, le schéma de Yee [15] est soumis à une condition de stabilité [16] fixant le pas temporel à partir de la discrétisation initiale de l'espace de simulation. Les problèmes de stabilité des méthodes numériques explicites ont été analysés en détail par Courant, Friedrich et Lewy (CFL) [21], ainsi que par Von Neumann, à partir d'une approche mathématique rigoureuse. Taflove [16] a notamment appliqué l'approche de type CFL à la méthode FDTD.

Le critère CFL donné par l'inégalité 2.14, permet de palier à la divergence des calculs engendrée par l'approximation des dérivées.

$$\Delta t \leq \frac{1}{c\sqrt{(1/\Delta x)^2 + (1/\Delta y)^2 + (1/\Delta z)^2}} \tag{2.14}$$

avec $c = 310^8 m/s$ désignant la vitesse de propagation de l'onde électromagnétique dans le vide.

Dans le cas d'un maillage uniforme $\Delta x = \Delta y = \Delta z = \Delta$, l'inégalité 2.14, se réduit à :

$$\Delta t \leq \frac{1}{c}\frac{\Delta}{\sqrt{3}} \text{ à } 3D \tag{2.15}$$

$$\Delta t \leq \frac{1}{c}\frac{\Delta}{\sqrt{2}} \text{ à } 2D \tag{2.16}$$

Ce critère de stabilité reste adéquat pour la plupart des milieux (diélectrique, magnétique, dispersif, avec ou sans pertes), car la vitesse de phase est inférieure à c dans ces milieux. Cette condition se comprend assez intuitivement : il faut que le pas temporel soit suffisant pour permettre de décrire la propagation de l'onde d'un noeud au noeud le plus proche distant de Δ. Plus le maillage spatial sera fin et plus le nombre d'itérations pour décrire un temps T de propagation sera important.

2.2.5 Dispersion numérique

La numérisation des équations de Maxwell introduit une dispersion appelée dispersion numérique [16]. Cela s'exprime par le fait que les signaux numériques se propagent au cours du temps, dans le domaine de calcul, avec des vitesses de phase et de groupe différentes suivant leur fréquence mais aussi suivant leur direction de propagation par rapport aux axes du repère Cartésien. Les erreurs de dispersion numérique croissent lorsque la fréquence des signaux augmente et quand la taille du domaine de calcul augmente, ce qui rend les résultats de simulation de moins en moins fiables. Elles peuvent apparaître sous diverse formes : erreur de phase, déformation des signaux, perte en amplitude, élargissement des impulsions.

La mise en évidence théorique de la dispersion numérique se fait en comparant l'expression discrétisée et l'expression analytique entre le vecteur d'onde et la pulsation angulaire. Pour une grille 3D à maillage orthogonal, et dans le cas d'une onde plane incidente avec un angle θ, nous avons la relation de dispersion suivante [22] :

$$\left[\frac{1}{\Delta x}\sin\left(\frac{k_x\Delta x}{2}\right)\right]^2 + \left[\frac{1}{\Delta y}\sin\left(\frac{k_y\Delta y}{2}\right)\right]^2 + \left[\frac{1}{\Delta z}\sin\left(\frac{k_z\Delta z}{2}\right)\right]^2 = \left[\frac{1}{c\Delta t}\sin\left(\frac{\omega\Delta t}{2}\right)\right]^2 \qquad (2.17)$$

Cette relation met en évidence la dépendance du vecteur d'onde numérique k en fonction des pas spatio-temporels et de la vitesse de propagation c dans le milieu considéré. L'écriture en coordonnées sphériques de l'Eq. 2.17, et pour un pas de discrétisation spatial isotrope $\Delta x = \Delta y = \Delta z = \Delta$, donne :

$$\frac{\Delta^2}{dt}\sin\left(\frac{\omega dt}{2}\right)^2 = \sin\left(\frac{k\cos(\varphi)\Delta}{2}\right)^2 + \sin\left(\frac{k\sin(\theta)\sin(\varphi)\Delta}{2}\right)^2 + \sin\left(\frac{k\sin(\varphi)\cos(\theta)\Delta}{2}\right)^2 \qquad (2.18)$$

La résolution de l'Eq. 2.18, dans laquelle k est l'inconnue s'effectue de manière itérative par la méthode de Newton :

$$k_{i+1} = k_i\frac{\sin^2(Ak_i) + \sin^2(Bk_i) + \sin^2(Ck_i) - D}{A\sin(2Ak_i) + B\sin(2Bk_i) + C\sin(2Ck_i)} \qquad (2.19)$$

avec :

$$A = \frac{\cos(\varphi)\delta}{2}, B = \frac{\sin(\theta)\sin(\varphi)\delta}{2}, C = \frac{\sin(\varphi)\cos(\theta)\delta}{2}, D = \frac{\delta^2}{dt}\sin\left(\frac{\omega dt}{2}\right)^2$$

La mesure de la dispersion numérique est donnée par le rapport $\frac{v_p}{c} = \frac{\lambda_g}{\lambda_0}$, où λ_g est la longueur d'onde dans le milieu discrétisé et λ_0 est la longueur d'onde idéale. Le comportement de la vitesse de phase dépend du taux d'échantillonnage spatial (λ/Δ). En règle générale, pour minimiser la dispersion numérique on applique le critère suivant [16] :

$$Max\left(\Delta x, \Delta y, \Delta z\right) \leq \frac{\lambda_{\min}}{10} \qquad (2.20)$$

Afin de limiter la dispersion numérique, l'augmentation de l'ordre du schéma de discrétisation FDTD peut être une solution efficace, mais a un coût de calcul non négligeable [23–26]. Dans ces conditions, l'algorithme converge vers une solution mais reste légèrement différente de l'onde réelle. Il en résulte, en maillage uniforme, qu'en dessous de $\lambda_{\min}/\Delta = 10$, c'est-à-dire à moins de dix points d'échantillons par période spatiale, l'erreur commise par le schéma numérique sur la vitesse de propagation, est importante. En effet la numérisation des signaux impose des pas d'échantillonnage spatio-temporels à toutes les longueurs d'ondes présentes dans le domaine de calcul. Toutes les fréquences élevées, de longueur d'onde inférieure à environ dix fois le pas d'espace produiront des imprécisions provoquant ainsi des retards entre signaux numériques mais aussi des modifications de leurs amplitudes.

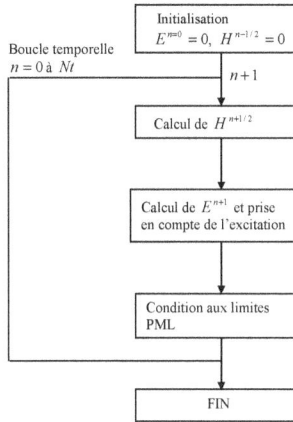

Fig. 2.5 – *Algorithme FDTD*.

2.2.6 Algorithme FDTD

L'algorithme du programme FDTD (Fig. 2.5), permet de comprendre comment le décalage temporel entre le champ électrique et magnétique est pris en compte. Concrètement, l'évaluation du champ magnétique a lieu entre deux calculs du champ électrique. Comme nous l'avons déjà évoqué précédemment nous nous restreignons dans ce qui suit au cas à deux dimensions en mode TE. Initialement toutes les composantes du champ électromagnétique sont nulles, sauf H_z au centre de la cellule qui modélise une source ponctuelle. Cette source entraîne une variation du champ électrique. Ainsi l'onde électromagnétique se propage de proche en proche dans tout le volume de calcul.

2.2.7 Conditions aux limites (ABCs)

La modélisation de l'espace libre dans l'étude des structures rayonnantes ainsi que l'espace mémoire limité des outils de calcul impose une troncature du domaine de calcul. Celle-ci nécessite l'utilisation de conditions aux limites permettant la modélisation de la propagation en espace libre. Parmi celles-ci les conditions absorbantes servent à minimiser les réflexions parasites qui viendraient perturber la réponse de l'objet à une excitation donnée. De façon assez générale, deux familles de solutions existent : d'une part, (1) les méthodes qui expriment le champ sur la frontière uniquement en fonction du champ déjà calculé à l'intérieur du domaine étudié (c'est le cas notamment de la condition de Mur) ; et d'autre part, (2) les méthodes qui ajoutent autour du domaine d'étude une couche pas forcément physique dont l'impédance est adaptée à celle de l'espace libre, mais ne provoquant aucune réflexion et absorbant quasiment tout champ électromagnétique s'y propageant. C'est le cas des conditions PML (Perfectly Matched Layer). Sacks et al [27] et Gedney [28] ont montré que les couches PML pouvait être décrites dans un cadre Maxwellien et être considérées comme des milieux uniaxiaux à pertes (UPML). L'intérêt des UPML réside d'une part, dans la subdivision des composantes de champ (mais en contrepartie nécessitent l'introduction des vecteurs d'induction électrique et magnétique). Dans le cadre du travail qui sera développé dans les chapitres suivants, nous avons utilisé cette dernière approche car elle est très efficace (faible réflexion et ne

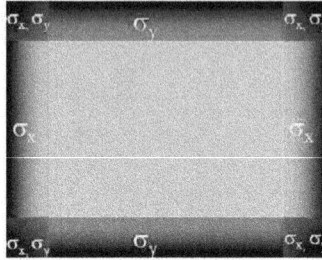

Fig. 2.6 – *Couches PML autour d'un domaine en deux dimensions.*

nécessitant pas de garder en mémoire les anciennes valeurs du champ).

Couches absorbantes de Bérenger

L'évolution des performances des ABCs a subi une forte accélération avec l'avènement des PML de Bérenger [29] en 1994. Les performances PML sont en grande partie dues à la variation des propriétés de la couche au fur et à mesure que l'on s'éloigne de l'interface vide/PML. L'absorption des ondes est d'autant meilleure que l'épaisseur de la couche augmente. Le schéma de la Fig. 2.6, donne une représentation des couches PML et la distribution des conductivités dans les différentes zones. L'espace de calcul est entouré de couches parfaitement adaptées qui vont atténuer les ondes qui les traversent grâce à des conductivités électriques et magnétiques. Leur efficacité et leur simplicité de mise en oeuvre nécessitent toutefois un coût mémoire et un temps de calcul qui peuvent doubler car chaque composante de champ doit être subdivisée en deux sous-composantes sur lesquelles des conductivités spécifiques sont appliquées. Par exemple, pour la composante H_z, on a :

$$H_z = H_{zx} + H_{zy} \qquad (2.21)$$

La condition d'adaptation 2.22, dans les couches absorbantes assure théoriquement une absorption des ondes de façon indépendante de la fréquence et de l'angle d'incidence. Si dans la zone de calcul le milieu a une permittivité et une conductivité nulle, alors il y aura adaptation d'impédance dans les PML. Dans le cas contraire, l'adaptation d'impédance n'est pas parfaite.

$$\frac{\sigma_i}{\varepsilon_i} = \frac{\sigma_i^*}{\mu_i} \qquad i = x, y \qquad (2.22)$$

σ_i et σ_i^* sont les conductivités électrique et magnétique de la couche à la profondeur i.

Comme indiqué précédemment, nous ne considérons ici que le cas 2D, en mode TE (E orienté dans le plan 2D, H

lui est perpendiculaire), l'introduction des sous-composantes électromagnétiques dans les équations de Maxwell donne :

$$\varepsilon_0 \frac{\partial E_x}{\partial t} + \sigma_y E_x = \frac{\partial (H_{zx} + H_{zy})}{\partial y} \quad (2.23) \qquad \varepsilon_0 \frac{\partial E_y}{\partial t} + \sigma_x E_y = -\frac{\partial (H_{zx} + H_{zy})}{\partial x} \quad (2.24)$$

$$\mu_0 \frac{\partial H_{zx}}{\partial t} + \sigma_x^* H_{zx} = -\frac{\partial E_y}{\partial x} \quad (2.25) \qquad \mu_0 \frac{\partial H_{zy}}{\partial t} + \sigma_y^* H_{zy} = \frac{\partial E_x}{\partial y} \quad (2.26)$$

Cette décomposition en sous-composantes permet d'appliquer l'absorption par des profils de conductivité dans des directions bien choisies. Le seul facteur de réflexion résiduel d'une PML provient de la discontinuité induite par la discrétisation spatiale des couches. Des réflexions apparaissent à l'interface vide/PML. Cette réflexion augmente lorsque la direction d'incidence de l'onde s'éloigne de la normale. De plus les variations abruptes des conductivités dégradent les performances d'absorption. Pour réduire cet effet, il est courant d'imposer une gradation progressive en loi de puissance de l'absorption dans la couche PML [15] :

$$\sigma_u = \sigma_{\max} \left(\frac{u}{d} \right)^m \quad (2.27)$$

Dans l'Eq. 2.25, σ est l'absorption en fonction de la position à l'intérieur de la région PML par rapport à la zone centrale, d est la profondeur totale de la couche PML ($\approx 10\Delta$), et m l'ordre de l'équation de croissance de la conductivité. Ce facteur est, dans la plus part des cas, choisi entre 2 et 5.

Les PML peuvent être vues comme un milieu anisotrope à pertes. Le coefficient de réflexion théorique est donné par la relation :

$$R(\theta) = e^{-\frac{2\sigma_{\max} N \delta}{(m+1)\varepsilon c}} \quad (2.28)$$

La valeur de $\sigma_{\max}$ peut être déterminée à partir de l'épaisseur et du coefficient de réflexion du profil. Les PML de Bérenger peuvent offrir un coefficient de réflexion inférieur à $-80\,dB$. Elles peuvent en outre être placées très proche (à deux cellules) de la structure traitée.

Notons aussi que les PML de type Bérenger ont deux limitations importantes : d'une part, elles n'absorbent pas les ondes évanescentes, et d'autre part, elles ne sont pas adaptées à la simulation de milieux dispersifs. D'autres modèles de conditions limites comme celles de type UPML (Perfectly Matched Uniaxial Medium) ayant une interprétation physique ont été développées comme ceux utilisant des matériaux anisotropes et permettent d'absorber les ondes évanescentes et de simuler des milieux dispersifs [16, 28, 30].

2.2.8 Choix d'une source électromagnétique

Pour une structure à analyser donnée, les informations que l'on va pouvoir tirer d'une simulation électromagnétique sont tributaires de la façon dont cette structure est excitée. L'excitation est donc un aspect fondamental de la modélisation électromagnétique. Le choix de la source électromagnétique va dépendre de la forme de cette structure et de la bande de fréquence ciblée.

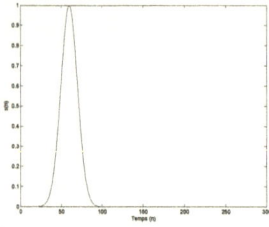

Fig. 2.7 – *Forme temporelle d'une source Gaussienne.*

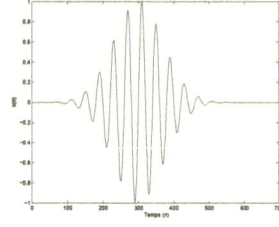

Fig. 2.8 – *Forme temporelle d'une source sinusoïdale modulée par une gaussienne.*

Pour balayer un large spectre de fréquences avec une seule simulation, on utilisera un signal de type Gaussien dont l'équivalent fréquentiel est une "demi-Gaussienne" dont la valeur est maximale pour la fréquence nulle. Les caractéristiques fréquentielles et l'absence de variation abrupte d'un tel signal sont parfaitement adaptées à la méthode FDTD. Une source Gaussienne sera définie de la façon suivante :

$$S(n) = exp\left(-\frac{(n\Delta t - T_0)^2}{T^2}\right) \qquad (2.29)$$

où :

n est le nombre d'itérations,

Δt est le pas temporel,

T est proportionnelle à la largeur à mi-hauteur de la gaussienne,

T_0 désigne le retard par rapport à l'instant $t = 0$.

T et la fréquence maxiale de la bande étudiée $f_{\max}$ sont reliées par :

$$T \approx \frac{1}{2f_{\max}} \qquad (2.30)$$

Cette relation pose un problème pour l'étude de bandes de fréquences restreintes. En effet, dans ce cas, $f_{\max}$ étant faible, T sera très importante devant Δt et le nombre d'étapes de calcul nécessaire à la modélisation augmentera en conséquence.

La source décrite ci-dessus permet une modélisation du continu jusqu'à une fréquence maximale. Il peut s'avérer nécessaire de modéliser une bande de fréquences n'incluant pas le continu. Pour ce faire, il suffit de multiplier la Gaussienne par une sinusoïde dont la fréquence va correspondre à la fréquence centrale de la bande spectrale à étudier.

$$S(n) = \sin(2\pi f_0 \Delta t) exp\left(-\frac{(n\Delta t - T_0)^2}{T^2}\right) \qquad (2.31)$$

où :

f_0 représente la fréquence centrale de la bande étudiée.

La largeur de la bande de fréquence étudiée est environ égale à $1/T$.

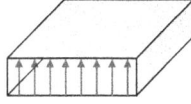

Fig. 2.9 – *Forme spatiale des sources électromagnétiques.*

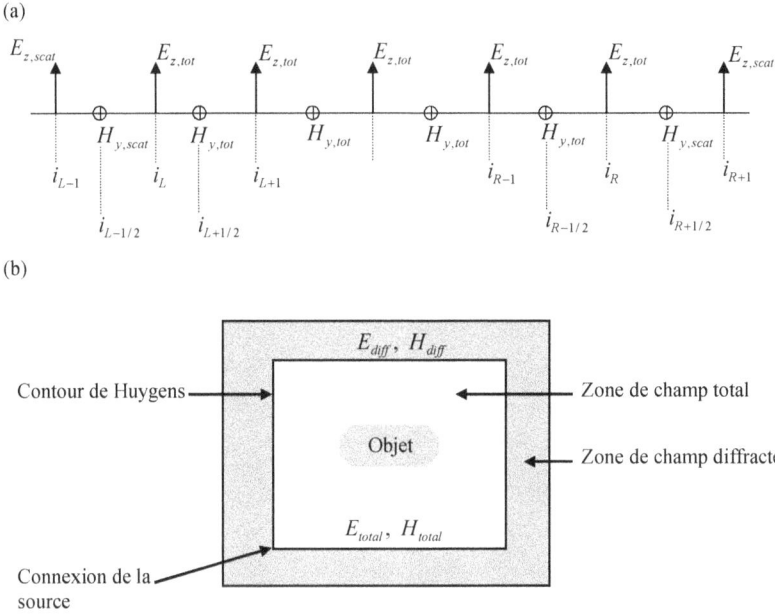

(a)

(b)

Fig. 2.10 – *(a) localisation dans le cas 1D des champs E_z et H_y suivant la direction*
x, (b) introduction de la source entre les deux zones du TF/SF (cas 2D)

Dans la plupart des problèmes, notamment ceux de propagation guidée, on se contente d'exciter le mode de propagation fondamental de la structure. On place la source sur la composante adéquate du champ électrique pour une zone donnée (Fig. 2.9).

Dans les zones spatiales indiquées sur la Fig. 2.9, on force donc la composante du champ électrique concernée à suivre l'évolution temporelle d'une source Gaussienne. L'évolution des autres composantes électromagnétiques est laissée libre sur ces plans. Notons, en dernier lieu, que lorsque l'amplitude de la Gaussienne tend vers une valeur nulle, la source se comporte comme un court-circuit et réfléchit entièrement toute l'onde l'atteignant. On peut résoudre ce problème en remplaçant la source par des conditions aux limites absorbantes après la durée nécessaire à l'excitation.

2.2.9 Implémentation de l'onde plane

Afin d'étudier la diffusion du champ électromagnétique par un objet, il est important de disposer d'une bonne modélisation du champ incident. Ce problème est, généralement, assez délicat. Plusieurs méthodes existent pour simuler les sources du champ. Par exemple, en ajoutant un terme source, cela se fait dans un domaine fini de l'espace (un point, un segment, une zone rectangulaire). Une autre possibilité consiste à introduire l'énergie dans le maillage en se basant sur des formulations de champ total/champ diffracté [31].

L'utilisation d'une onde plane est très courante dans les modélisations électromagnétiques. Son implémentation dans les logiciels est indispensable au traitement des problèmes liés à l'illumination de structures. La méthode FDTD utilise une formulation champ total/champ diffracté qui se base sur l'utilisation du concept des surfaces de d'Huygens [32] qui utilise le principe de Schelkunoff [33]. Le domaine de calcul est divisé en deux parties (Fig. 2.10). Les champs incidents de l'onde plane sont introduits sur une surface virtuelle séparant les deux zones (TF/SF), de manière à ce qu'ils soient confinés dans la zone de champ total. Dans ce dernier, la FDTD prend en compte la somme du champ incident de l'onde plane et du champ diffracté par les objets, alors que seul ce dernier est propagé dans la zone de champ diffracté. Le champ source tient compte de la lumière diffractée dans le reste de la zone étudiée. Cela évite l'apparition de réflexions non-physiques au niveau de la source. La zone associée au champ diffracté seule n'a pas de réalité physique. Pour rendre opérationnelle ce type de source, des corrections du champ calculé par l'algorithme de Yee sont nécessaires au niveau des frontières entre le champ total et le champ diffracté [16].

On appelle champ total la somme du champ diffracté par la structure et du champ incident dû à la source. Dans ce cas, la source est introduite à la transition entre zone de champ total et de champ diffracté. La séparation du volume de calcul en deux zones distinctes utilise la propriété de linéarité des équations de Maxwell.

$$\vec{E}_t = \vec{E}_s + \vec{E}_d \qquad (2.32) \qquad\qquad \vec{H}_t = \vec{H}_s + \vec{H}_d \qquad (2.33)$$

avec $\vec{E}_s$ et $\vec{H}_s$ représentant les valeurs des champs incident supposés connus, $\vec{E}_d$ et $\vec{H}_d$ représentent les valeurs des champs diffusés initialement inconnus.

2.2.10   Validation de l'excitation par onde plane

Pour valider l'excitation par une onde plane, nous excitons un volume FDTD vide, sans structure métallique. Ainsi dans la zone de champ diffusé, on doit récupérer un champ nul. Dans la zone de champ total on doit récupérer l'onde incidente. Pour ce faire, on corrige les champs à la surface de séparation avec une onde incidente calculée analytiquement à partir de l'expression de l'onde émise. Cette opération a pour but d'éloigner la surface où l'on applique des conditions absorbantes (UPML dans notre cas).

A titre d'exemple, dans le cas 1D, on distingue deux zones, une zones où n'est calculé que le champ total $(i_L \langle i \langle i_R)$, et une zone où n'est calculé que le champ diffracté $(i \langle i_L$ et $i \rangle i_R)$. Aux points $i = i_L$ et $i = i_R$ (Fig. 2.10 (a)), il est nécessaire de faire une correction à l'algorithme général de Yee pour faire en sorte que tous les champs soient du même type, c'est à dire, qu'il faut ajouter un terme source. Cette correction est prise en compte par les expressions suivantes [16] :

$$i = i_L \begin{cases} E_{z,t}\big|_{i_L}^{n+1} = E_z\big|_{i_L}^{n} + \frac{dt}{\varepsilon_0 \Delta x}\left(H_{y,t}\big|_{i_L+1/2}^{n+1/2} - H_{y,d}\big|_{i_L-1/2}^{n+1/2}\right) - \frac{dt}{\varepsilon_0 \Delta x}H_{y,s}\big|_{i_L-1/2}^{n+1/2} \\ H_{y,d}\big|_{i_L-1/2}^{n+1/2} = H_{y,d}\big|_{i_L-1/2}^{n-1/2} + \frac{dt}{\mu_0 \Delta x}\left(E_{z,t}\big|_{i_L}^{n} - E_{z,d}\big|_{i_L-1}^{n}\right) - \frac{dt}{\mu_0 \Delta x}E_{z,s}\big|_{i_L}^{n} \end{cases} \qquad (2.34)$$

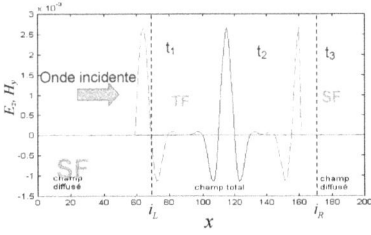

Fig. 2.11 – *Evolution de E_z et H_y, excités linéairement suivant x.*

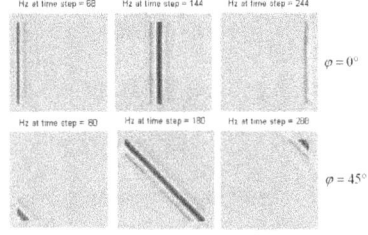

Fig. 2.12 – *Introduction d'une source avec séparation TF/SF. Ici en l'absence de champ diffracté, seule la source apparaît dans la zone de champ total.*

$$
i = i_R \left\{ \begin{array}{l} E_{z,t}\big|_{i_R}^{n+1} = E_z\big|_{i_R}^{n} + \frac{dt}{\varepsilon_0 \Delta x}\left(H_{y,d}\big|_{i_R+1/2}^{n+1/2} - H_{y,t}\big|_{i_R-1/2}^{n+1/2} \right) + \frac{dt}{\varepsilon_0 \Delta x} H_{y,s}\big|_{i_R+1/2}^{n+1/2} \\[2mm] H_{y,d}\big|_{i_R-1/2}^{n+1/2} = H_{y,d}\big|_{i_R-1/2}^{n-1/2} + \frac{dt}{\mu_0 \Delta x}\left(E_{z,d}\big|_{i_R}^{n} - E_{z,t}\big|_{i_R-1}^{n} \right) + \frac{dt}{\mu_0 \Delta x} E_{z,s}\big|_{i_R}^{n} \end{array} \right. \tag{2.35}
$$

La Fig. 2.11, montre l'évolution du champ total E_z, excité linéairement suivant x. Sur cette figure, on voit clairement la zone du champ total et celle du champ diffracté.

L'onde plane est générée à l'interface située à gauche de TF/SF au point i_L. Spécifiquement, la partie à droite de i_L représente la région de TF, où l'onde se propage sans distorsion. En revanche, la partie gauche de i_L représente la région de SF, où l'amplitude de l'onde (résiduelle) est véritablement petite (elle représente 10^{-5} de l'amplitude totale de l'onde). L'onde passe entièrement à travers la région TF et arrive à l'interface située à droite de TF/SF au point i_R. A ce point l'onde disparaît complètement de la zone centrale avec des réflexions et transmissions négligeables autour de i_R dans la région SF. Ainsi, nous avons bien mis en oeuvre une séparation champ total/champ diffracté.

La Fig. 2.12, montre la distribution en 2D de la composante du champ magnétique H_z dans un espace libre le long de la zone centrale à $\varphi = 0^{\circ}$ et $\varphi = 45^{\circ}$, en fonction du temps. L'onde se propage entièrement dans la zone du TF, et disparaît dès qu'elle arrive à la région de séparation du TF/SF.

2.2.11 Comparaison des résultats FDTD avec des résultats analytiques

Pour illustrer l'efficacité de la méthode FDTD, nous étudions brièvement le cas de la diffusion d'une onde plane par un cylindre métallique à titre d'exemple. Ce problème admet une solution "exacte", qui peut se représenter sous la forme d'une somme de fonction de Bessel et de Hankel. Ainsi $H_{z,t}$ est défini comme la somme de $H_{z,i}$ (onde incidente) et $H_{z,d}$ (champ diffusé) par :

$$
H_{z,t} = H_0 \sum_{n=-\infty}^{+\infty} j^{-n} \left[J_n(\beta\rho) - \frac{J_n'(\beta a)}{H_n^{(2)'}(\beta a)} H_n^{(2)}(\beta\rho) \right] e^{jn\phi} \tag{2.36}
$$

où J_n (respectivement, H_n) désigne la fonction de Bessel (respectivement, de Hankel).

Pour étudier les propriétés spectrales des résultats temporels issus des simulations FDTD, nous faisons une transformée de Fourier discrète (TFD). La Fig. 2.13, montre les résultats obtenus pour les deux méthodes aux différents angles d'incidence $\left(\varphi = 0^{\circ}, \varphi = 45^{\circ}, \varphi = 90^{\circ} \right)$.

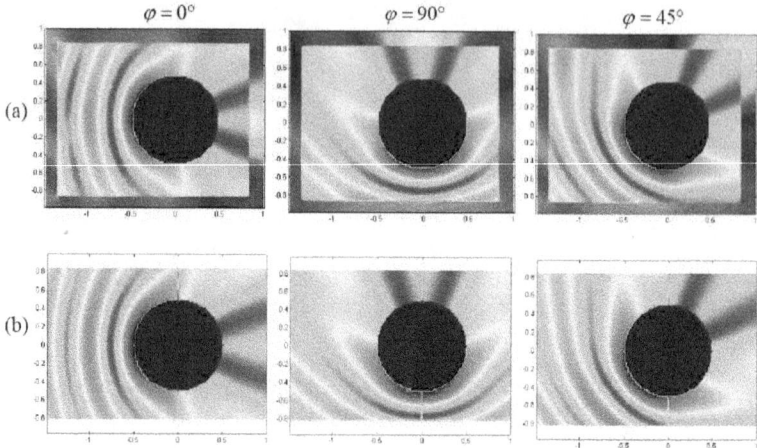

Fig. 2.13 – *Comparaison des résultats issues de, (a) la FDTD, (b) la méthode analytique (diffusion d'une onde plane par un cylindre métallique à base circulaire).*

D'après la Fig. 2.13, on constate que les deux méthodes ne donnent pas exactement les mêmes résultats pour $\varphi = 0°$ et $\varphi = 90°$. En revanche dans le cas où $\varphi = 45°$, les deux résultats sont à peu près semblables. De cette analyse, on constate également que l'effet de la dispersion numérique est plus faible pour $\varphi = 45°$ que pour $\varphi = 0°$ où $\varphi = 90°$. Cette différence est due à la géométrie cylindrique.

2.2.12   Interface entre deux milieux diélectriques

L'utilisation de la méthode FDTD nécessite la prise en compte de plusieurs contraintes d'ordre numérique, notamment le traitement des interfaces entre les matériaux. Cela provient de la nature même de l'espace discrétisé, basé sur le schéma de Yee [15]. A l'interface entre deux milieux de propriétés diélectriques différentes, la résolution des équations de Maxwell nécessite de prendre en compte les conditions aux limites appropriées. Cette interface s'étend sur l'épaisseur d'une cellule dans laquelle, il faut déterminer les paramètres constitutifs du milieu. Considérons, à cet égard, la Fig. 2.14, où sont représentés deux milieux (dans une géométrie toujours 2D) non magnétiques et non dispersifs, les deux milieux présentant avec des pertes dans le cas général, c-à-d. que leur permittivités complexes sont pour le milieu 1 décrits par le couple de paramètres $(\varepsilon_1, \sigma_1)$ et pour le milieu 2 $(\varepsilon_2, \sigma_2)$, respectivement.

Pour calculer la permittivité et la conductivité interfaciales, l'équation de Maxwell-Faraday est appliquée, sous sa forme intégrale, sur la surface d'une cellule élémentaire contenant l'interface avec comme conditions aux limites, la continuité de la composante tangentielle du champ électrique. En supposant le champ électrique constant au sein de la cellule, la permittivité et la conductivité tangentielles à l'interface, sont définies par la moyenne arithmétique des permittivités et des conductivités des deux milieux situés de part et d'autre de l'interface [34]. D'autres descriptions de la permittivité et de la conductivité à l'interface ont été également proposées [16, 35].

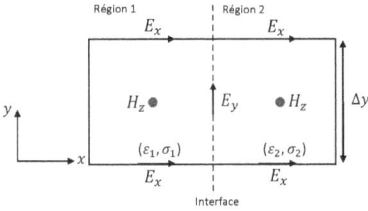

Fig. 2.14 – *Interface entre les deux milieux diélectriques 1 et 2.*

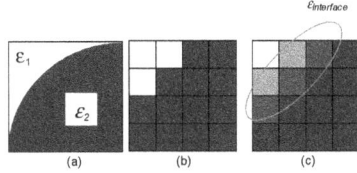

Fig. 2.15 – *(a) Composé de deux milieux de permittivité ε_1 et ε_2, (b) discrétisation par FDTD donne l'effet de la marche d'escalier, (c) moyenne des cellules.*

$$\varepsilon_{interface} = \frac{\varepsilon_1 + \varepsilon_2}{2} \quad \text{et} \quad \sigma_{interface} = \frac{\sigma_1 + \sigma_2}{2} \tag{2.37}$$

La Fig. 2.15, montre un schéma FDTD pour le calcul de la permittivité effective d'une structure à deux phases. Elle montre que la discrétisation est une source d'erreur (effet de la marche d'escalier). Cet effet peut être réduit en utilisant la moyenne des permittivités entre les deux milieux.

Dans le chapitre suivant, nous avons utilisé cette méthode pour le calcul de la permittivité effective de structures hétérogènes. Une autre méthode couramment utilisée pour l'évaluation des propriétés de transport d'une onde électromagnétique dans les matériaux composites est basée sur la méthode des éléments finis (FE) dont nous présentons maintenant brièvement le principe d'utilisation.

2.3 Méthode des éléments finis

De façon générale, la méthode FE est une méthode numérique qui a fait preuve d'efficacité dans divers domaines aussi variés que l'électromagnétisme, et la mécanique des structures pour ne citer que deux exemples d'application. Cette méthode est l'une des méthodes les plus employées aujourd'hui pour résoudre des équations aux dérivées partielles, et notamment les équations de Maxwell qui régissent les phénomènes électromagnétiques. Elle est basée sur la technique d'approximation par éléments finis [36] qui permet d'approcher une fonction polynôme dans un espace donné à partir de la connaissance des valeurs en certains nœuds du domaine. Il faut pour cela diviser le domaine d'étude de ces fonctions en sous-domaines élémentaires appelés éléments. Ces fonctions locales ont l'avantage d'être plus simple que celles que l'on pourrait éventuellement utiliser pour représenter la totalité du domaine de calcul. Grâce à la diversité des éléments pouvant être employés, notamment les triangles en 2D ou les tétraèdres en 3D, cette méthode est très répandue pour la modélisation de géométries complexes. Le caractère répétitif de la méthode qui consiste à appliquer le même opérateur sur chaque élément a rendu cette méthode très efficace. Cette méthode exige un traitement particulier des équations qui sont transformées à l'aide d'une formulation intégrale, puis discrétisées pour aboutir à un système d'équations algébriques. La méthode est robuste mais nécessite généralement des moyens de calculs importants.

Dans cette méthode, l'attention n'est pas focalisée sur la solution de l'équation à résoudre (par exemple, celle de Laplace), mais plutôt sur un problème de variation, associé au principe de l'énergie minimale dans une région fermée du champ électrostatique. L'énergie emmagasinée dans le champ prend toujours la plus faible des valeurs possibles. La

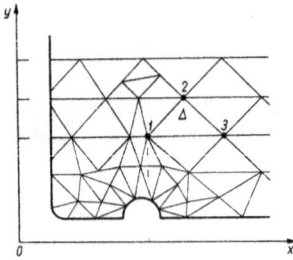

Fig. 2.16 – *Fragment du champ avec le maillage destiné aux calculs par la méthode des éléments finis* [11].

région du champ électrique considérée est divisée en éléments de formes et de tailles quelconques (Fig. 2.16).

La méthode FE utilise une approximation par parties de la fonction inconnue, pour résoudre une équation différentielle. L'équivalence physique peut être utilisée pour trouver une solution de l'équation aux dérivées partielles. Cependant, la complexité des géométries des systèmes considérés, rend très difficile, voire impossible, de trouver une approximation de la solution dans l'ensemble du domaine étudié. Pour contourner cette difficulté, on subdivise le domaine en sous-domaines appelés éléments finis, sur lesquels on effectue localement une interpolation pour approcher la fonction inconnue. Le domaine considéré est limité par une frontière où la valeur du potentiel est supposée connue. Les éléments finis qui sont utilisés pour discrétiser le domaine sont généralement regroupés en familles topologiques : segments, triangles, quadrilatères, tétraèdres, parallélépipèdes, prismes. Chaque élément est représenté par des points appelés noeuds géométriques. A chaque élément, on associe des noeuds d'interpolation où l'inconnue sera calculée. Ainsi, à chaque élément résultant de la subdivision, la fonction modélisant le phénomène est définie par une interpolation polynomiale [11].

$$V = \sum_{i=1}^{n} \lambda_i V_i \tag{2.38}$$

n est le nombre de noeuds d'interpolations ; λ_i sont les fonctions d'interpolation et V_i les valeurs nodales.

Le principe de base consiste à trouver la distribution des valeurs nodales λ_i qui verifient les équations aux dérivées partielles et qui remplissent les conditions aux limites. Ceci peut être effectué soit par une méthode variationnelle qui minimise une fonction équivalente au problème différentiel posé, ou en utilisant une méthode de projection comme la projection de Galerkin qui traite directement l'équation aux dérivées partielles. L'ordre du polynôme dépend du type d'élément ; par exemple, pour un élément quadratique uni-dimensionnel décrit par l'abscisse curviligne μ située dans l'intervalle [-1, 1], les fonctions d'interpolation sont [37, 38] :

$$\lambda_1(\mu) = \frac{1}{2}\mu(\mu - 1)$$

$$\lambda_2(\mu) = 1 - \mu^2 \tag{2.39}$$

$$\lambda_3(\mu) = \frac{1}{2}\mu(\mu + 1)$$

Considérons par exemple, l'équation de Poisson. Nous cherchons une approximation V' de V qui minimise la quantité R :

$$R = \left(\Delta V' + \frac{\rho}{\varepsilon_0 \varepsilon} \right) \quad (2.40)$$

où ρ est la densité volumique de charge.

Parmi les méthodes permettant d'annuler une quantité donnée dans un domaine Ω, la méthode des résidus pondérés est souvent utilisée. On choisit un système de fonctions linéaires indépendantes W_n, appelées fonctions de projection, puis on annule toutes les intégrales (Eq. 2.41) à chaque élément fini.

$$I_n = \int_\Omega W_n R d\Omega \quad (2.41)$$

On obtient ainsi une formulation intégrale de la méthode des éléments finis. Il existe également des sous-méthodes de la méthode des résidus pondérés (collocation point par point, collocation par sous-domaines, Galerkin, moindres carrés), selon le choix des fonctions pondérées.

La méthode de Galerkin est la plus utilisée. Elle consiste à prendre les mêmes expressions mathématiques des fonctions de projection et d'interpolation :

$$\lambda_i(\mu) = W(\mu) \quad (2.42)$$

Pour chaque élément, on annule les n intégrales (Eq. 2.41) correspondant aux n fonctions de projection. Ce système d'équations peut s'écrire sous une forme matricielle :

$$A_e \vec{V}_e = \vec{b}_e \quad (2.43)$$

avec A_e étant la matrice associée à l'élément considéré, dont les coefficients dépendent des coordonnées des noeuds de l'élément. Les composantes de V_e sont les inconnues aux noeuds du même élément. Les vecteurs b_e prennent en compte les conditions aux limites éventuelles en certains noeuds de l'élément considéré. En écrivant l'Eq. 2.43, pour tous les éléments, on obtient une série d'équations algébriques parmi lesquelles la solution de potentiel dans le domaine étudié [11].

De nombreux logiciels existent dans le commerce (Comsol Multiphysique, Ansoft HFSS, Flux 3D, Phi 3D...) permettant la modélisation de structures complexes en trois dimensions notamment grâce à un maillage adaptatif. Les fonctions utilisées sont des fonctionnelles construites par rapport aux potentiels ou aux champs électromagnétiques.

Nous avons utilisé la méthode FE pour évaluer la permittivité effective de matériaux composites renfermant des inclusions ayant une forme quelconque. Nous en décrivons brièvement le principe d'application aux structures hétérogènes dans ce qui suit.

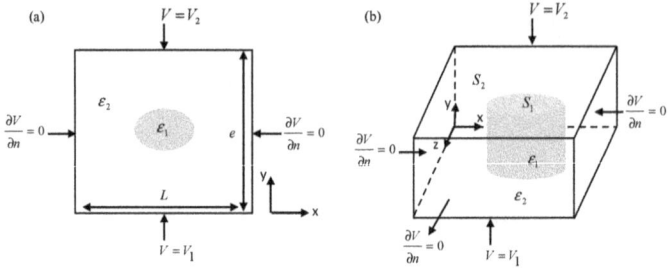

Fig. 2.17 – *Modélisation d'un composite périodique* : (a) 2D, (b) 3D.

2.3.1 Application aux matériaux composites

La méthode FE a été largement utilisée pour la modélisation des matériaux composites aléatoires ou périodiques, linéaires ou non linéaires, avec ou sans pertes que se soit dans les cas 2D ou 3D. Cette méthode a été employée par divers auteurs [8, 10, 39, 40] pour le calcul de la permittivité effective complexe de matériaux composites à partir de la résolution de l'équation de Laplace et l'utilisation de conditions aux limites appropriées.

Dans l'approche numérique que nous avons développé, nous avons utilisé le code d'éléments finis Comsol Multiphysics (anciennement Femlab) [41] qui intègre toutes les fonctions du logiciel Matlab pour le développement des modèles quasistatiques et leurs résolutions.

Considérons en premier lieu, le cas d'une structure périodique sans perte. Soit un composite diélectrique périodique à deux phases contenant une inclusion de forme arbitraire dans une matrice. En prenant en compte les propriétés de symétrie et de périodicité, la géométrie du matériau est réduite à une cellule élémentaire comme le montre la Fig. (2.17), qui est assimilé à un condensateur plan-plan.

Le calcul de la permittivité effective des structures composites 2D procède en trois étapes : (1) définition des cellules élémentaires contenant une grille de points permettant une bonne approximation du domaine spatial Ω. L'espace est rempli de l'arrangement désiré, c-à-d. les permittivités effective des cellules sont égales à ε_1 ou ε_2 selon que la cellule est remplie de la phase 1 ou de la phase 2 ; (2) calcul de la distribution du potentiel local à l'intérieur de Ω où il n'y a ni charges libres, ni courants, obtenue par la résolution de l'Eq. 2.44.

$$\vec{\nabla} . \left(\varepsilon(r) \vec{\nabla} V(r) \right) = 0 \qquad (2.44)$$

où $\varepsilon(r)$ et $V(r)$ désignent la permittivité et le potentiel locaux.

L'énergie électrostatique peut être calculée à partir des valeurs des dérivées du potentiel V aux nœuds du maillage sur toute la surface S du composite à l'aide de l'équation :

$$E_e = \frac{1}{2} \iint_s \varepsilon(x,y) \left[\left(\frac{\partial V}{\partial x} \right)^2 + \left(\frac{\partial V}{\partial y} \right)^2 \right] dxdy \qquad (2.45)$$

La permittivité effective dans la direction du champ électrique appliqué, c-à-d. $\varepsilon = \varepsilon_y$, est obtenue par la condition de continuité de la composante normale du vecteur déplacement électrique via :

$$\int_s \varepsilon_1 \left(\frac{\partial V}{\partial n} \right)_1 = \varepsilon \frac{V_2 - V_1}{L} S \tag{2.46}$$

où $V_2 - V_1$ représente la différence de potentiel imposé dans la direction y, L est l'épaisseur du composite dans la même direction et S désigne la "surface" de la cellule unité qui est perpendiculaire au champ appliqué. Le potentiel sur le haut de la structure est fixé à $V_2 = 1V$, alors que sur l'autre face V_1 est pris à $0V$; et (3) génération automatique ou semi-automatique du maillage effectuée par le logiciel Comsol Multiphysics.

Comme nous l'avons rappelé dans le chapitre 1, l'interaction d'un champ électromagnétique avec un matériau diélectrique homogène et isotrope peut être caractérisé par une permittivité (relative) décrite par un nombre complexe $\varepsilon = \varepsilon' - j\varepsilon''$. Le calcul de ε' et ε'' se généralise aisément à partir de l'évaluation précédente de ε de la façon suivante :

Pour un milieu diélectrique, les solutions numériques du problème électrostatique sont basés dans le cas général sur la résolution de l'équation de Poisson :

$$\vec{\nabla}.(\varepsilon\varepsilon_0 \vec{\nabla} V) = -\rho \tag{2.47}$$

Si le milieu est conducteur, sans charges libres, ni sources, la solution du problème est donnée par la résolution de

$$\vec{\nabla}.(\sigma \vec{\nabla} V) = 0 \tag{2.48}$$

avec σ définissant la conductivité du milieu.

Lorsque le milieu considéré est intermédiaire entre les deux cas limites considérés précédemment (milieu avec pertes diélectriques), alors la solution du problème dépend du temps, et est donnée par un potentiel électrique complexe qui satisfait l'équation de continuité :

$$\vec{\nabla}.(\sigma \vec{\nabla} V) + \vec{\nabla}. \left(\frac{\partial}{\partial t}(\varepsilon\varepsilon_0 \vec{\nabla} V) \right) = 0 \tag{2.49}$$

ou de façon équivalente dans l'espace de Fourier (en prenant un potentiel harmonique proportionnel à $\exp(j\omega t)$), en considérant un milieu sans charges libres, par

$$\vec{\nabla}.(j\varepsilon_0 \varepsilon(\omega)\omega \vec{\nabla} V) = 0 \tag{2.50}$$

L'Eq. 2.50, est analogue à l'Eq. 2.44, en posant $\varepsilon = \varepsilon' - j\varepsilon''$, avec $\varepsilon'' = \frac{\sigma}{\omega\varepsilon_0}$.

Myroshnychenko et Brosseau [8,9] ont développé une approche plus générale permettant l'évaluation de la permittivité effective complexe d'une structure hétérogène aléatoire en couplant une analyse FE de cette structure avec un code de type Monte Carlo qui permet de générer différents types de désordre dans la structure (Fig. 2.18).

2.3.2 Maillage

La génération d'un maillage de haute qualité joue un rôle crucial dans l'analyse par éléments finis. Celle-ci est faite par l'utilisation du code de calcul Comsol MultiPhysics. Le calcul du champ par le logiciel Comsol MultiPhysics permet la

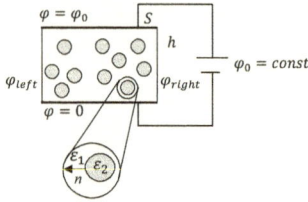

Fig. 2.18 – *Principe du calcul de la permittivité effective d'un composite aléatoire* [9].

Fig. 2.19 – *Maillage des cellules unité en 2D avec une inclusion de type triangle de Sierpinski.*

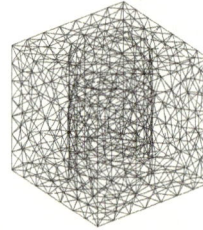

Fig. 2.20 – *Maillage des cellules unité en 3D avec une inclusion cylindrique de hauteur finie.*

génération contrôlée des mailles d'élément finis par l'utilisation des fichiers d'entrée contenant des instructions complètes avec des caractéristiques de maille de noeud-par-noeud et d'élément-par-élément. Il permet d'obtenir un maillage à la fois suffisamment fin pour garantir la qualité de la convergence et suffisamment réduit pour obtenir des résultats avec des ressources et un temps limités. Comsol MultiPhysics, permet aussi l'utilisation à la fois de maillages non structurés (triangle en 2D, tétraèdres en 3D) et de maillages structurés. En 2D, les maillages structurés sont formés de quadrangles [41].

Le maillage des surfaces constitue une des étapes essentielles dans la modélisation des matériaux hétérogènes. Cette étape fait passer les surfaces de l'état de contour à l'état de surfaces élémentaires. Rappelons qu'il est possible d'utiliser un mailleur manuel, où les surfaces sont maillées soit au coup par coup, c-à-d, surface après surface, soit toutes à la fois. Le logiciel Comsol MultiPhysics contient notamment un mailleur automatique qui génère des éléments quadrilatères ou triangulaire. Le maillage est ensuite affiné en propageant une ou plusieurs lignes de maillage et/ou en divisant les éléments du maillage. A titre d'exemple, la Fig. (2.19, resp. 2.20), représente le maillage avec des cellules unité en 2D avec une inclusion isolées de type fractal (triangle de Sierpinski (4^{ime} itération), voir annexe B pour d'autres types de fractals)(resp. des cellules unité en 3D avec une inclusion cylindrique).

Nous avons testé plusieurs types de maillage avec différentes finesses. Les détails de cette étude ont été rapporté dans la référence [10]. Dans le cas présent, nous utilisons entre 5000 et 10000 éléments, ce temps de calcul typique qui implique que le système d'équations linéaires à résoudre comporte typiquement 20000 inconnues. Le temps d'une simulation est d'environ 3 min.

2.4 Un exemple de comparaison entre les résultats issus de la FDTD et ceux obtenus par FE

Nous avons évoqué précédemment le fait que, la méthode d'analyse FE est intéréssante car elle permet de résoudre certains problèmes à géométrie complexe qui ne peuvent pas être solutionnés analytiquement. Chaque cellule ou élément

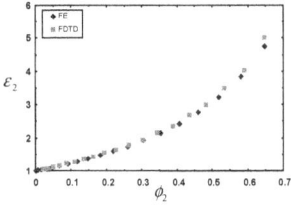

Fig. 2.21 – *Comparaison des calculs de la permittivité effective entre les méthodes FDTD et FE d'un milieu composite de permittivité $\varepsilon_1 = 1$ contenant une inclusion fractale (carré de Sierpinski) de permittivité $\varepsilon_2 = 10$.*

est caractérisé par sa forme et ses conditions de frontières, ses valeurs de champs magnétique et électrique ainsi que sa position. Les champs électromagnétiques sont calculés à partir des constantes de propagation de chacune des cellules dans le milieu. Les ondes se propagent à travers les cellules en fonction des constantes de propagation et des conditions aux frontières propres à chaque cellule. Malgré sa popularité, cette méthode est exigeante en temps d'exécution et les ressources informatiques nécessaires à son utilisation sont généralement imposantes.

De même, la méthode FDTD permet de simuler des problèmes à géométrie complexe. Cette analyse effectue les calculs à partir des matrices des champs électrique et magnétique. Dans la modélisation des matériaux composites, ces deux méthodes donnent des résultats généralement similaires. A titre illustratif, nous avons représenté à la Fig. 2.21, la variation de la permittivité effective d'un milieu composite contenant une inclusion isolée de type fractal (carré de Sierpinski ($3^{\text{ième}}$ itération)).

2.5 Conclusions

Dans ce chapitre nous avons présenté les principes de base des deux méthodes numériques (FDTD, FE) qui vont nous permettre d'évaluer l'influence de la géométrie, du contraste de la permittivité des phases, de la porosité, etc, sur les propriétés de polarisation électrique de divers types de matériaux hétérogènes déterministes. Ces méthodes permettront d'apporter des informations pertinentes sur les rôles respectifs des différents descripteurs géométriques (dans les situations 2D : périmètre et surface) dans l'étude de la propagation d'une onde électromagnétique dans les hétérostructures diélectriques où il est nécessaire de pouvoir préciser les effets d'interfaces sur les mécanismes de polarisation électrique.

Troisième partie

Résultats de simulation

Introduction

La validation des méthodes numériques présentées dans le chapitre précédent autorise leur application à l'évaluation de la permittivité effective complexe pour les structures les plus générales d'un point de vue morphologique. Cependant notre étude sera restreinte à des systèmes déterministes pour lesquels la répartition des inclusions dans la matrice hôte est "figée". L'autre hypothèse fondamentale qu'il est nécessaire de rappeler dès à présent est celle de l'approximation quasi-statique. A part ces deux hypothèses sous-jacentes, la généralité des approches numériques utilisées permet la considération d'un large spectre de problèmes ouverts dans l'étude des propriétés diélectriques des hétérostructures.

Dans l'ordre de présentation des chapitres de ce mémoire, nous considérons tout d'abord les résultats issus de simulations FDTD de la caractérisation de structures renfermant des formes complexes dans l'objectif de pouvoir discriminer les effets de périmètre de ceux liés à la surface d'inclusion. Ensuite nous étudions l'effet de la pososité sur la permittivité effective de structures perforées, puis nous évaluons la valeur numérique du facteur de dépolarisation d'une inclusion de forme arbitraire. Dans une dernière étape, nous étudions le phénomène de résonance électrostatique de structures diélectriques à deux et trois phases dont les inclusions possèdent une permittivité intrinsèque dont la partie réelle est négative.

Simulation FDTD d'hétérostructures à deux phases

Sommaire

3.1 Hétérostructures contenant une inclusion de forme complexe

L'objectif fondamental de ce chapitre est d'étudier les influences de la géométrie et de la morphologie d'inclusion sur les propriétés diélectriques effectives de structures hétérogènes 2D à deux phases [1]. Nos efforts se focalisent sur deux familles d'inclusions aux morphologies très différentes : soit celles possédant une forme régulière (polygones), soit celles qui ont une forme fractale. D'un point de vue géométrique, la différence fondamentale entre ces deux familles d'inclusions réside dans le fait que le périmètre des polygones est borné et ont une surface finie, contrairement aux objets fractals pour lesquels le périmètre est infini tout en conservant une surface finie. L'analyse qui suit sera faite pour les géometries d'inclusions représentées à la Fig. 3.1.

3.1.1 Méthodologie de calcul de la permittivité effective

Considérons la structure guidée 2D représentée à la Fig. 3.2, dans laquelle un matériau composite de dimension $\ell \times d$ comprenant une inclusion (inscrite dans un disque de rayon R) de permittivité ε_2 a été inséré dans une matrice de permittivité ε_1. Il est assez judicieux de se référer à une géométrie d'inclusion discoïdale car, dans ce cas particulier, le facteur de dépolarisation est connu de façon exacte.

Les différentes échelles d'espace caractéristiques de la structure représentée à la Fig. 3.2, sont choisies de telle façon que la description des propriétés diélectriques de type "grande longueur d'onde" soit réalisée. Le chapitre 1 a rappelé que c'est en effet dans ce cadre que la notion de permittivité effective prend tout son sens. La modélisation du système est effectuée par la méthode des différences finies dans le domaine temporel à deux dimensions (2D-FDTD). En utilisant cette

---

1. D'un point de vue électromagnétique, les structures 2D considérées sont assimilées à des sections droites d'objets 3D infinis dans la direction perpendiculaire à la section plane. Les caractéristiques diélectriques sont donc invariantes selon cette direction. On pourra ainsi considérer qu'un tel composite est décrit par deux valeurs de la permittivité : une permittivité effective parallèle qui s'écrit $\varepsilon_L = \varepsilon_1 \phi_1 + \varepsilon_2 \phi_2$, avec ε_i et ϕ_i représentant les valeurs intrinsèques des permittivités et fractions volumiques des deux constituants, et une permittivité transverse ε que nous cherchons à caractériser.

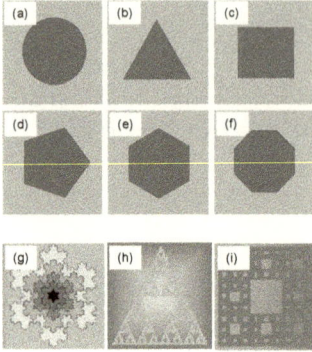

Fig. 3.1 – *Formes d'inclusions considérées : (a) disque, (b) triangle équilatéral, (c) carré, (d) pentagone régulier, (e) hexagone régulier, (f) octogone régulier, (g) flocon de Koch ($4^{i\grave{e}me}$ itération), (h) triangle de Sierpinski ($3^{i\grave{e}me}$ itération), et (i) carré de Sierpinski ($3^{i\grave{e}me}$ itération).*

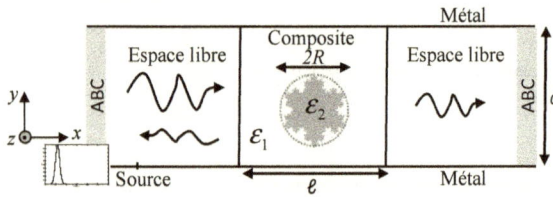

Fig. 3.2 – *Représentation géométrique du guide d'onde considéré. Le système de coordonnées Cartésiennes (x, y, z) est utilisé comme référence avec x étant la direction de propagation de l'onde. L'onde incidente polarisée selon x (ou y), émise à partir de la source, est normale à la couche contenant le matériau composite. A titre d'exemple, nous avons représenté le cas d'une inclusion fractale (flocon de Koch) de permittivité ε_2 et de fraction surfacique ϕ_2 dans une matrice de permittivité ε_1. R est le rayon du disque contenant l'inclusion. ℓ et d représentent respectivement la longueur et l'épaisseur de la couche. Les plans inférieur et supérieur du guide d'onde sont des plans parfaitement conducteurs.*

méthode, nous pouvons caractériser les énergies électromagnétiques rayonnée et stockée dans la structure. Les conditions aux limites ABC (Uniaxial Perfectly Matched Layer (UPML)), telles qu'elles ont été rappelées au chapitre précédent, sont employées pour tronquer le domaine de calcul afin de simuler une onde plane dans une région infinie. L'analyse électromagnétique s'effectue de manière rigoureuse dans le cadre de la théorie des lignes. Le problème pouvant être résolu analytiquement [42], il autorise ainsi la confrontation avec les résultats de l'analyse FDTD.

Le calcul du coefficient de réflexion issu des simulations numériques se fait de la façon suivante : (1) une première simulation est effectuée sans milieu afin de déterminer le champ incident E_{inc}. Le champ est relevé *une cellule avant* l'interface (fictive dans ce cas) ; (2) une seconde simulation, avec le milieu, permet de calculer à la fois le champ réfléchi E_{ref}, relevé à la même position que dans la première simulation (en soustrayant du champ total E_{tot} obtenu avec cette simulation le champ incident de la simulation précédente), et le champ transmis (relevé *une cellule après* l'interface). Le coefficient de réflexion R est ensuite évalué à partir de la transformée de Fourier F des résultats temporels :

$$R(\omega) = \frac{F(E_{tot} - E_{inc})}{E_{inc}} \tag{3.1}$$

$$|R| = \frac{|(1 - \varepsilon) \tan(\frac{\omega \ell}{c}\sqrt{\varepsilon})|}{\sqrt{4\varepsilon + (1 + \varepsilon)^2 \tan^2(\frac{\omega \ell}{c}\sqrt{\varepsilon})}} \tag{3.2}$$

où ℓ est l'épaisseur du matériau, ε est la permittivité effective du matériau composite à deux phases (inclusion (resp.

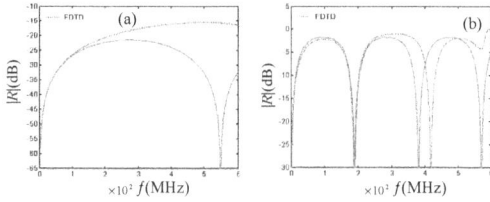

Fig. 3.3 – *Comparaison entre le module du coefficient de réflexion obtenu à partir de la simulation FDTD (trait pointillé) et sa valeur analytique décrite de l'équation de MG (trait plein) pour une couche contenant une inclusion discoïdale : (a) $\varepsilon_1 = 1$, $\varepsilon_2 = 10$, $\phi_2 = 0.102$; (b) idem à (a) pour $\varepsilon_1 = 10$, $\varepsilon_2 = 1$, $\phi_2 = 0.102$.*

matrice hôte) de permittivité ε_2 (resp. ε_1)), ω est la fréquence angulaire d'excitation, et c la vitesse de propagation de la lumière dans le vide.

3.1.2 Paramètres de simulation

La méthodologie de simulation utilisée dans nos calculs est semblable à celle utilisée par Kärkkäinen et al. [62]. La différence entre notre méthode et celle de Kärkkäinen réside dans le fait que ces derniers considèrent comme conditions aux limites les conditions de Mur au premier ordre tandis que, dans nos simulations, nous avons choisi d'employer les conditions aux limites absorbantes de type UPML (Uniaxial Perfectly Matched Layer [44, 45]). Dans nos simulations, nous avons fixé la taille de chaque pas spatial à $\Delta x = \Delta y = 1.25\,mm$ pour les directions x et y, respectivement. Le domaine de calcul est rectangulaire de dimensions $0.75 \times 0.25\,m^2$, avec un pas temporel $\Delta t = 2\,ps$. Ces valeurs ont été choisies de façon à préserver la stabilité numérique pendant la simulation. Les champs sont périodiquement actualisés en chaque point du maillage. Le domaine contenant le matériau composite a une forme carrée de dimensions 200 cellules × 200 cellules $(0.25 \times 0.25\,m^2)$, placé au milieu du domaine de calcul, comme le montre la Fig. 3.2. Nous avons vérifié que l'emplacement de la source d'excitation n'influe pas sur les résultats de simulation. Dans notre cas, l'excitation a été faite dans le vide à une distance de $10\Delta x$ à gauche de la surface de la structure. La fréquence de coupure du guide d'onde considéré est $f_c = \frac{c}{2d} \approx 0.6$ GHz. La seule contrainte sur ces paramètres est imposée par le fait que la taille des cellules doit être beaucoup plus petite que la longueur d'onde.

Le code FDTD a été exécuté à $f = 10.239$ MHz. Le milieu est excité par une source de type Gaussienne, ce qui permet une excitation large bande en fréquence. La simulation est réalisée à l'aide d'un nombre suffisant de pas temporels de sorte que la relaxation de la structure soit effectivement réalisée. Les programmes de simulation ont été écrits en langage C en utilisant l'environnement Matlab à l'aide d'un ordinateur Intel Pentium 4 fonctionnant avec un processeur de 3 GHz. Avec 30000 pas temporels, le temps d'une simulation est d'environ 52 min. Nous limitons notre discussion dans ce chapitre à des milieux sans pertes, c-à-d. décrits par une permittivité dont la valeur est réelle. Nous avons simulé toute une variété de systèmes avec différentes formes géométriques (Fig. 3.1), dans une large gamme de fraction surfacique et de périmètre d'inclusion. Pour illustrer cette méthode, nous avons calculé le spectre de $|R|$ pour une couche contenant une inclusion discoïdale. Les Figs. 3.3 (a) et (b), montrent une comparaison entre le module du coefficient de réflexion obtenu par la simulation FDTD et sa valeur analytique déduite de l'Eq. 3.2. L'observation de ces figures indique que les résultats issus de la simulation FDTD sont bien représentés par cette expression jusqu'à une valeur de la fréquence $f < f_m = 100$ MHz en supposant que la permittivité effective est décrite par l'équation de MG (Eq. 1.22). Nous renvoyons à la section 3.2 la discussion de f_m en fonction du descripteur approprié pour la géométrie de l'inclusion.

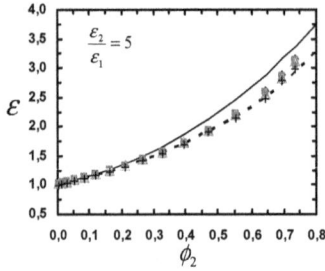

Fig. 3.4 – *Comparaison des résultats simulés pour la permittivité effective avec les équations de MG et SBG en fonction de la fraction surfacique ϕ_2 de l'inclusion discoïdale. Dans les Eqs. 1.22 et 1.23, $A = \frac{1}{2}$. Les symboles sont : diamant ($\varepsilon_1 = 1$ et $\varepsilon_2 = 5$), carré ($\varepsilon_1 = 2$ et $\varepsilon_2 = 10$), triangle ($\varepsilon_1 = 5$ et $\varepsilon_2 = 25$), cercle ($\varepsilon_1 = 10$ et $\varepsilon_2 = 50$), et croix ($\varepsilon_1 = 20$ et $\varepsilon_2 = 100$). La ligne en pointillé (resp pleine) correspond à la prédiction de MG (resp. SBG).*

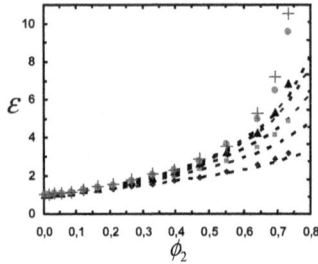

Fig. 3.5 – *Comparaison des résultats numériques de la permittivité effective avec l'équation de MG en fonction de la fraction surfacique ϕ_2 de l'inclusion. Les symboles sont : (♦) ($\varepsilon_1 = 5$ et $\varepsilon_2 = 1$), (■) ($\varepsilon_1 = 10$ et $\varepsilon_2 = 1$), (▲) ($\varepsilon_1 = 20$ et $\varepsilon_2 = 1$), (●) ($\varepsilon_1 = 50$ et $\varepsilon_2 = 1$), et (+) ($\varepsilon_1 = 50$ et $\varepsilon_2 = 1$). Les lignes en pointillé correspondent à la prédiction de MG.*

3.1.3 Influence de la géométrie

Nous avons tout d'abord calculé ε en fonction de la fraction surfacique ϕ_2 d'une inclusion discoïdale. La Fig. 3.4, montre les résultats obtenus pour différentes valeurs de ε_1 et ε_2 telles que $\frac{\varepsilon_2}{\varepsilon_1} = 5$. Deux résultats peuvent être observés sur cette figure. D'abord, nous notons que les valeurs de ε sont pratiquement confondues dans le domaine de la limite diluée, c-à-d. pour $\phi_2 < 0.5$, comme attendu. En second lieu, le comportement de ε décrit par l'équation de MG reste satisfaisant même pour des valeurs plus élevées de ϕ_2. Dans un esprit de comparaison avec les approches analytiques du type milieu effectif, nous avons également calculé ε en utilisant l'équation de SBG (Eq. 1.23). À la Fig. 3.4, nous pouvons remarquer que les valeurs calculées de ε sont nettement décalées vers des valeurs inférieures par rapport à celles prévues par l'équation de SBG dès que $\phi_2 > 0.3$.

Toujours dans le cas d'une inclusion discoïdale, nous avons également calculé ε en gardant $\varepsilon_1 = 1$ mais en variant ε_2 de 5 à 100. Pour ces paramètres, nous observons à la Fig. 3.5, que pour $\phi_2 > 0.45$, l'équation de MG ne peut plus être utilisée pour prédire ε car elle donne des résultats très éloignés des valeurs numériques dès que ε_2 augmente.

Puisque nous sommes intéressés par les effets de la forme et de la rugosité du périmètre de l'inclusion, nous avons étudié la variété des polygones réguliers représentés à la Fig. 3.1 (a)-(f), avec $\varepsilon_1 = 1$ et $\varepsilon_2 = 10$. A partir de l'observation du Tab. 3.1, on remarque que ces différentes formes sont caractérisées par des valeurs différentes du paramètre $R\tilde{p}$ (R est le rayon du disque contenant l'inclusion, $\tilde{p}$ est le rapport périmètre-surface) qui peut aussi être considéré comme un descripteur de la morphologie des inclusions. Les résultats obtenus sont rapportés aux Figs. 3.6 (a) et (b). À la Fig. 3.6(a), nous remarquons encore une fois que les valeurs de la permittivité sont pratiquement confondues jusqu'à $\phi_2 \simeq 0.6$, mais pour des valeurs plus grandes de ϕ_2, nous constatons que les différences entre ces données deviennent de plus en plus apparentes. Cette tendance est confortée par une étude assez récente réalisée par Tuncer [46] qui a montré que la

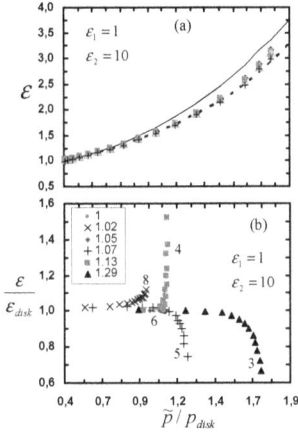

Fig. 3.6 – (a) Comparaison des résultats simulés pour la permittivité effective avec l'équation de MG en fonction de la fraction surfacique de l'inclusion ϕ_2. Les symboles correspondent aux différents types de polygones réguliers : (▲)triangle, (●) cercle, (■) carré, (+) pentagone, (♦) hexagone, et (×) octogone. La ligne en pointillé correspond à la prédiction de MG, $A = \frac{1}{2}$. (b) idem à (a) pour la permittivité effective réduite en fonction du rapport périmètre surface réduit de l'inclusion. L'insert montre les valeurs du facteur numérique prévu B dans le processus de conversion mathématique de ϕ_2 à $\tilde{p}$. Le nombre n indique le nombre de côtés de chaque inclusion.

permittivité effective de mélanges diélectriques biphasés contenant des inclusions de type polygone régulier pourrait être approchée de façon satisfaisante par l'équation de MG uniquement aux basses concentrations (< 0.3). Le désaccord entre nos valeurs numériques et les valeurs obtenues à partir de l'équation de MG proviennent de la non-uniformité de la polarisation spatiale à l'intérieur de l'inclusion. À la Fig. 3.6 (b), nous montrons une famille de courbes de $\frac{\varepsilon}{\varepsilon_{disk}}$ en fonction de $\frac{\tilde{p}}{\tilde{p}_{disk}}$. Pour motiver une telle représentation, nous rappelons que pour une inclusion discoïdale le rapport entre la fraction surfacique de l'inclusion et le rapport périmètre à surface est $\tilde{p}_{disk} = 2\pi/d\sqrt{\phi_2}$, où d est la distance de séparation entre les deux conducteurs métalliques (Fig. 3.2). De façon similaire, pour les polygones réguliers nous trouvons que $\frac{\tilde{p}}{\tilde{p}_{disk}} = B > 1$, à une valeur fixe de ϕ_2, où B est une constante qui dépend de la forme de la géométrie comme indiqué dans l'insert de la Fig. 3.6 (b). Si les différences entre les valeurs de la permittivité calculée pour différentes formes d'inclusion étaient dues seulement aux effets de surface, on pourrait s'attendre à ce que la courbe de la permittivité en fonction de $\tilde{p}$ soit simplement décalée du fait de la conversion mathématique entre $\tilde{p}$ et ϕ_2. La Fig. 3.6, met en évidence la divergence entre les valeurs que l'on attend en utilisant le facteur multiplicatif B. Il est intéressant de noter trois points : (1) pour des faibles valeurs de $\frac{\tilde{p}}{\tilde{p}_{disk}}$, la permittivité effective approche sa limite, quelle que soit la forme de l'inclusion ; (2) pour des valeurs élevées de $\frac{\tilde{p}}{\tilde{p}_{disk}}$, les données de simulation dépendent fortement de la forme de l'inclusion. Elles augmentent brutalement quand le nombre de sommets n de l'inclusion est pair et décroissent brutalement quand n est impair ; et (3) nous observons l'évolution de $\frac{\varepsilon}{\varepsilon_{disk}}$ en fonction de $\frac{\tilde{p}}{\tilde{p}_{disk}}$: plus le nombre de sommets de l'inclusion est grand plus $\frac{\tilde{p}}{\tilde{p}_{disk}}$ est petit avec deux ensembles différents de données selon la parité de n. De façon générale, cette tendance semble être indépendante du rapport de la permittivité sur toute la gamme des rapports considérés, cependant les différences entre les valeurs de ε sont plus significatives pour des rapports plus élevés de la permittivité.

La question fondamentale qui se pose pour l'interprétation des caractéristiques effectives associées à un matériau hétérogène 2D est celle de la définition d'un descripteur géométrique permettant de discriminer les effets de surface de ceux dus au périmètre. Dans ce travail, nous proposons de montrer que selon le choix de ce descripteur, différents types d'informations sont accessibles pour caractériser les structures renfermant des formes complexes, notamment celles

Structures topologiques	n	$R^{-1}P$	$R^{-2}K$	$R\tilde{p} = \frac{RP}{K}$	D
Disque(a)	∞	2π	π	2	2
Triangle équilatéral (b)	3	$3\sqrt{3}$	$\frac{3\sqrt{3}}{4}$	4	2
Carré (c)	4	$4\sqrt{2}$	2	$2\sqrt{2} \simeq 2.83$	2
Pentagone régulier (d)	5	$\frac{5}{2}\sqrt{10-2\sqrt{5}}$	$\frac{5}{8}\sqrt{10+2\sqrt{5}}$	$4\sqrt{\frac{10-2\sqrt{5}}{10+2\sqrt{5}}} \simeq 2.47$	2
Hexagone régulier (e)	6	6	$3\frac{\sqrt{3}}{2}$	$\frac{4}{\sqrt{3}} \simeq 2.31$	2
Octogone régulier (f)	8	$8\sqrt{2-\sqrt{2}}$	$2\sqrt{2}$	$4\sqrt{1-\frac{1}{\sqrt{2}}} \simeq 2.16$	2
flocon de Koch (g)		∞	$6\frac{\sqrt{3}}{5}$	∞	$d_f = \frac{ln4}{ln3} \simeq 1.26$

TABLE 3.1 – Paramètres géométriques des structures topologiques considérées. n, P, K, et D représentent le nombre de côtés, le périmètre, la surface, le rapport périmètre à surface, et la dimensionnalité (Euclidienne pour les polygones, ou fractale pour le flocon de Koch), respectivement. R est le rayon du disque contenant chaque inclusion. La lettre entre parenthèses se rapporte aux différentes géométries représentées à la Fig. 3.1.

décrites par une géométrie fractale. Prendre en compte la géométrie locale de structures qui peuvent avoir un périmètre infini tout en conservant une surface finie peut être réalisé en considérant un objet fractal.

Aux Figs. 3.7 (a) et (b), nous avons tracé ε en fonction, soit de ϕ_2 de l'inclusion dans le matériau composite, soit du paramètre $\tilde{p}\sqrt{\phi_2}$, pour les quatre premières itérations d'un objet fractal (flocon de Koch) dont la dimension fractale est $d_f = \frac{ln4}{ln3} \simeq 1.26$. A la Fig. 3.7 (a), nous observons que pour des faibles concentrations (< 0.15), l'équation de MG permet de rendre compte de l'évolution de la permittivité effective. Cependant, pour les plus fortes concentrations, des différences notables vis-à-vis de cette loi de mélange apparaissent. La Fig. 3.7 (b), montre en fait que lorsqu'on utilise comme descripteur de ces données numériques non plus ϕ_2 mais $\tilde{p}\sqrt{\phi_2}$, des différences notables peuvent être mises en évidence entre les valeurs de ε correspondant aux différentes itérations. Pour les fortes valeurs de ϕ_2, c'est le périmètre qui pilote les propriétés diélectriques de ces milieux hétérogènes contenant une inclusion à interface rugueuse.

D'où provient le choix du descripteur en $\tilde{p}\sqrt{\phi_2}$? En fait, c'est la conversion mathématique de ϕ_2, à $\tilde{p}$ qui conduit tout naturellement à $\tilde{p}\sqrt{\phi_2}$, car on peut montrer que $\tilde{p}_n = \frac{2\sqrt{3\sqrt{3}}}{d\sqrt{\phi_{2n}}}(\frac{4}{3})^n \frac{1}{\sqrt{g(n)}}$, où n représente le nombre d'itérations (l'état primitif, $n = 0$, correspond au triangle équilatéral), et $g(n) = 1 + \sum_{k=1}^{n} 4^{k-1}(\frac{1}{3})^{2k-1}$ pour $n \geq 1$. Il est aisé de vérifier que le rapport de $\tilde{p}\sqrt{\phi_2}$, pour la valeur $n = 0$ et une valeur arbitraire de n, peut s'exprimer par la transformation de similarité suivante :

$$\tilde{p}_0\sqrt{\phi_{20}} = \left(\frac{4}{3}\right)^{-n} \sqrt{g(n)}\tilde{p}_n\sqrt{\phi_{2n}} \tag{3.3}$$

Ceci nous conduit à poser que la permittivité effective correspondant à l'itération n, ε_n, peut s'obtenir à partir de la permittivité effective correspondant à $n = 0$, ε_0, à l'aide de la relation :

$$\varepsilon_0\left(\tilde{p}_0\sqrt{\phi_{20}}\right) = \varepsilon_n\left(\left(\frac{4}{3}\right)^{-n}\sqrt{g(n)}\left(\tilde{p}_n\sqrt{\phi_{2n}}\right)\right) \tag{3.4}$$

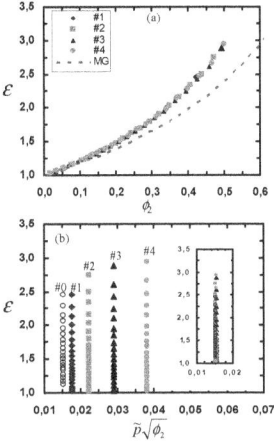

Fig. 3.7 – (a)*Comparaison des résultats de la simulation de la permittivité effective d'un composite contenant une inclusion de type flocon de Koch avec les valeurs déduites de l'équation de MG en fonction de la fraction surfacique de l'inclusion ϕ_2, $\varepsilon_1 = 1$ et $\varepsilon_2 = 10$. Le symbole #n indique l'itération numéro n. (b) idem à (a) pour l'évolution de la permittivité effective en fonction du paramètre $\tilde{p}\sqrt{\phi_2}$. L'insert indique une superposition des données FDTD en accord avec la transformation de similarité considérée (Eq. 3.4).*

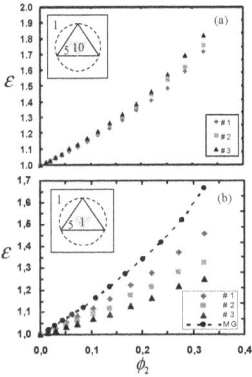

Fig. 3.8 – *(a) Permittivité effective d'un matériau composite contenant une inclusion fractale (triangle de Sierpinski) en fonction de ϕ_2. Les symboles représentent les différents nombres d'itération. L'insert supérieur montre la configuration de la permittivité des constituants. L'insert inférieur indique le nombre d'itération. (b) idem à (a) pour différentes valeurs de la permittivité des constituants. La ligne en pointillé correspond à la prédiction de MG ($A = \frac{1}{2}$) pour l'inclusion triangulaire avec $\varepsilon_1 = 1$ et $\varepsilon_2 = 5$.*

c'est à dire par un décalage des courbes d'un facteur d'échelle égal à $\left(\frac{4}{3}\right)^{-n}\sqrt{g(n)}$. En d'autres termes, toute l'information sur les propriétés diélectriques effectives du composite contenant une inclusion fractale est contenue dans celle relative à la géométrie de l'inclusion primitive beaucoup plus simple à décrire géométriquement. A cet égard, la Fig. 3.7 (b), est une illustration assez remarquable du fait que la réponse diélectrique d'un tel composite préserve sa forme, mais avec un facteur de décalage traduisant l'influence prédominante du périmètre au fur et à mesure que n croit. Les facteurs de décalage sont : 0.86, 0.68, et 0.53, et 0.40 pour $n = 1, 2, 3$, et 4, respectivement. La superposition des données de l'insert de la Fig. 3.7 (b), est une indication claire de cette propriété de similarité.

Dans l'objectif d'étendre l'analyse décrite précédemment, nous avons également obtenu des résultats similaires pour les trois premières itérations de l'objet fractal constitué par le triangle de Sierpinski (Figs. 3.8 (a) et (b)), pour différentes valeurs de la permittivité. Cet objet fractal est caractérisé par une dimension fractale $d_f = \frac{ln3}{ln2} \simeq 1.58$, proche de celle pour le flocon de Koch ; cependant, leurs morphologies respectives sont complètement différentes. Les Figs. 3.8 (a) et (b), indiquent l'effet des premières itérations sur ε. Par ailleurs, la Fig. 3.8 (b), montre à quel point les valeurs de ε pour les différentes itérations du triangle de Sierpinski sont proches des données de la simulation pour des inclusions triangulaires

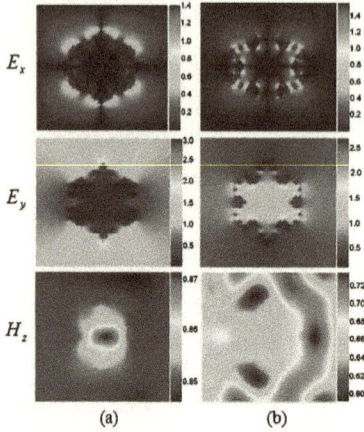

Fig. 3.9 – (a) Cartographie des composantes E_x and E_y du champ électrique et de la composante H_z du champ magnétique (unités arbitraires) calculée par la méthode FDTD. L'inclusion considérée est la troisième itération du flocon de Koch avec $\varepsilon_1 = 1$ et $\varepsilon_2 = 10$. Les amplitudes des champs sont représentées par des couleurs codées selon la barre située à droite. $\phi_2 = 0.18$; (b) idem à (a) avec $\varepsilon_1 = 10$ et $\varepsilon_2 = 1$.

avec les mêmes valeurs de la permittivité. Pour une comparaison quantitative de la permittivité, nous avons également tracé à la Fig. 3.8 (b), les résultats déduits de l'équation de MG. De l'observation de ces figures, on constate que les différences entre les résultats pour une inclusion de type fractale et ceux obtenus pour des polygones réguliers résident dans les paramètres géométriques associés au périmètre (par exemple, la rugosité) qui vont piloter la réponse diélectrique.

La cartographie spatiale des composantes Cartésiennes des champs électrique et magnétique associés à l'inclusion de type flocon de Koch dans la structure guidée de la Fig. 3.2, est représentée à la Fig. 3.9, pour : (a) $\varepsilon_1 = 1$ et $\varepsilon_2 = 10$, $\phi_2 = 0.18$, et (b) $\varepsilon_1 = 10$ et $\varepsilon_2 = 1$, $\phi_2 = 0.18$. La non-uniformité de ces champs, bien visible notamment au voisinage du périmètre de l'inclusion, est un argument solide d'explication de la différence entre les valeurs de ε calculées par la méthode FDTD et celles déduites de l'équation de MG.

3.1.4 Effet du contraste de permittivité

Jusqu'ici nous avons discuté de l'influence de la topologie de l'inclusion sur ε. Pour explorer comment les fluctuations locales du champ électrique affectent ε, il est souhaitable d'étudier l'influence du contraste de permittivité de l'inclusion vis à vis de la matrice sur ces résultats. Les résultats pour $\frac{\varepsilon_1}{\varepsilon_2} = 5$ sont représentés à la Fig. 3.10, où l'équation de MG est utilisée comme référence. La correspondance quantitative des données de simulation avec celles issues de l'équation de MG est satisfaisante sur la gamme entière de ϕ_2 étudiée. Comme le montre la Fig. 3.10, la relation de SBG conduit à une bonne concordance avec les données de simulation uniquement dans la limite diluée, alors que pour $\phi_2 > 0.15$, l'Eq. 3.2, donne des valeurs systématiquement inférieures à nos simulations.

Pour permettre une comparaison plus rigoureuse des prévisions de nos simulations avec l'équation de MG, nous traçons à la Fig. 3.11, les résultats de MG (pour une inclusion discoïdale) pour $5 \leq \varepsilon_1 \leq 50$ et $\varepsilon_2 = 1$. Curieusement, la méthode FDTD conduit à une excellente correspondance quantitative avec l'équation de MG sur la gamme entière de ϕ_2 étudiée.

La dépendance de ε correspondant aux différents types de polygones réguliers avec ϕ_2 est tracée à la Fig. 3.12 (a). Cette figure montre à quel point les données issues de la simulation sont proches de celles issues de l'équation de

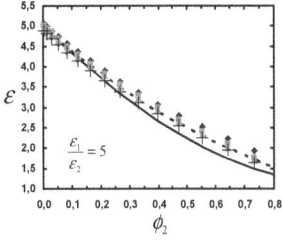

Fig. 3.10 – *Comparaison des résultats numériques de la permittivité effective avec l'équation de MG en fonction de la fraction surfacique ϕ_2 de l'inclusion discoïdale. Les symboles sont : ($\blacklozenge$) $\varepsilon_1 = 5$ et $\varepsilon_2 = 1$, ($\blacksquare$) $\varepsilon_1 = 10$ et $\varepsilon_2 = 2$, ($\blacktriangle$) $\varepsilon_1 = 25$ et $\varepsilon_2 = 5$, ($\bullet$) $\varepsilon_1 = 50$ et $\varepsilon_2 = 10$, ($\times$) $\varepsilon_1 = 100$ et $\varepsilon_2 = 20$. La ligne en pointillé (resp solide) correspond à la prédiction de MG (resp. SBG).*

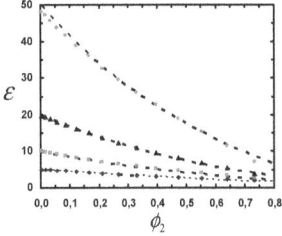

Fig. 3.11 – *Comparaison des résultats numériques de la permittivité effective avec l'équation de MG en fonction de la fraction surfacique ϕ_2 de l'inclusion discoïdale. Dans l'Eq. 1.22, $A = \frac{1}{2}$ ($\blacklozenge$) $\varepsilon_1 = 5$ et $\varepsilon_2 = 1$, ($\blacksquare$) $\varepsilon_1 = 10$ et $\varepsilon_2 = 1$, ($\blacktriangle$) $\varepsilon_1 = 20$ et $\varepsilon_2 = 1$, ($\bullet$) $\varepsilon_1 = 50$ et $\varepsilon_2 = 1$. La ligne en pointillé (resp solide) correspond à la prédiction de MG.*

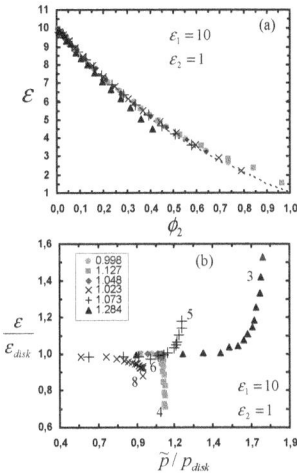

Fig. 3.12 – *(a) Comparaison des résultats numériques de de la permittivité effective avec l'équation de MG en fonction de la fraction surfacique de l'inclusion ϕ_2. Les symboles dénotent les différents types de polygones réguliers : triangles ($\blacktriangle$), circles ($\bullet$), carrés ($\blacksquare$), pentagone ($+$), hexagone ($\blacklozenge$), octogone ($\times$). La ligne en pointillé correspond à la prédiction de MG ($A = \frac{1}{2}$). (b) idem à (a) pour la permittivité effective réduite en fonction du rapport périmètre surface réduit de l'inclusion. L'insert montre les valeurs du facteur numérique prévu, B, dans le processus numérique de conversion de ϕ_2 à $\tilde{p}$. Le nombre n indique le nombre de côtés de chaque inclusion.*

MG. Cependant, comme nous l'avons noté précédemment (Fig. 3.6 (b)), les différences des courbes de $\frac{\varepsilon}{\varepsilon_{disk}}$ en fonction de $\frac{\tilde{p}}{\tilde{p}_{disk}}$ sont observées à la Fig. 3.12 (b), et peuvent être liées au nombre n de côtés de l'inclusion. La Fig. 3.12 (b), montre que les données de simulation augmentent brutalement quand le nombre de sommets n de l'inclusion est impair et décroissent brutalement quand n est pair. On constate que les résultats de la Fig. 3.12 (b), sont inversés par rapport à ceux représentés à la Fig. 3.6 (b). Nous observons une progression de $\frac{\varepsilon}{\varepsilon_{disk}}$ en fonction de $\frac{\tilde{p}}{\tilde{p}_{disk}}$ selon la régle suivante : plus le nombre de sommets de l'inclusion est grand, plus $\frac{\tilde{p}}{\tilde{p}_{disk}}$ est faible avec deux ensembles différents de données selon la parité de n.

Aux Figs. 3.13 (a) et (b), nous avons tracé ε en fonction, soit de ϕ_2, soit de $\tilde{p}\sqrt{\phi_2}$, pour les quatre premières itérations du flocon de Koch avec $\varepsilon_1 = 10$ et $\varepsilon_2 = 1$. Dans le cas de la limite diluée ($\phi_2 \leq 0.15$), pour tous les nombres d'itérations

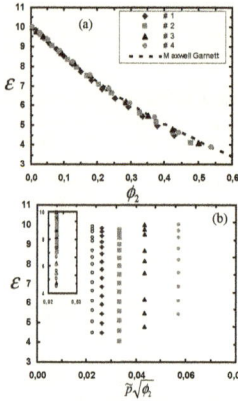

Fig. 3.13 – *Comparaison des résultats de simulation de la permittivité effective d'un composite contenant une inclusion de type flocon de Koch avec les valeurs déduites de l'équation de Maxwell Garnett en fonction de la fraction surfacique de l'inclusion ϕ_2. $\varepsilon_1 = 10$ et $\varepsilon_2 = 1$. Le symbole #n indique l'itération numéro n. (b) idem à (a) pour l'évolution de la permittivité effective en fonction du paramètre $\tilde{p}\sqrt{\phi_2}$. L'insert indique une superposition des données FDTD en accord avec la transformation de similarité considérée Eq. 3.4.*

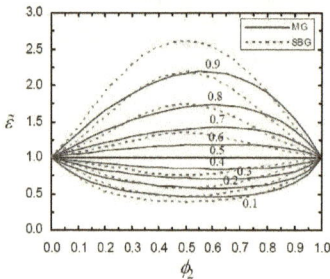

Fig. 3.14 – *Dépendance de $\tilde{\varepsilon} = \frac{\varepsilon^y(1,10)\varepsilon^x(10,1)}{10}$ en fonction de ϕ_2 avec la valeur prévue de la formule de MG (en trait plein), Eq. 1.22, et la formule SBG (ligne en pointillé), Eq. 1.23. Le nombre indiqué est la valeur du facteur de dépolarisation A.*

étudiés, la courbe de MG est en bon accord avec les données numériques sur la gamme de ϕ_2 considérée. Cette observation conduit à diverses remarques : pour des faibles valeurs de ϕ_2, le périmètre domine la géométrie globale. Quand ϕ_2 augmente, les frontières approximatives de l'inclusion dominent la géométrie globale. Ceci explique la croissance rapide de ε, comme le montre la Fig. 3.13 (b). La superposition des données de l'insert de la Fig. 3.13 (b), est une indication claire de la propriété de similarité.

3.2 Dualité et similarité de la permittivité effective

Un examen attentif de la littérature montre que la compréhension des propriétés physiques de structures composites contenant des inclusions ayant une géométrie arbitrairement complexe demeure encore relativement limitée [35]. Une des principales difficultés réside dans la description de la complexité des interfaces existant entre les différentes phases du matériau composite. Outre la compréhension des propriétés électromagnétiques de matériaux composites en 3D, il est également primordial de considérer le cas 2D qui a notamment été étudié par Keller [47], et Dykhne [48] il y a plus de trois décennies. Une des spécificités de la microgéométrie 2D est associée à une symétrie particulière appelée dualité (ou réciprocité, ou encore relation d'échange de phase). La généralisation de la relation de dualité, par exemple dans le cas du tenseur d'anisotropie pour les matériaux composites à deux phases, désordonnés ou non, a été étudiée par d'autres théoriciens comme Mendelson [49], Balagurov [50], Milton [51], Durand [52], ou encore Schulgasser [53]. Il convient

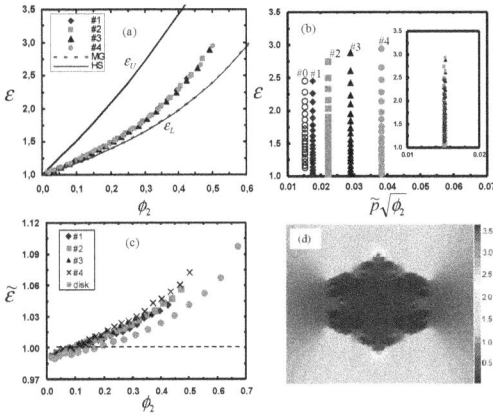

Fig. 3.15 – (a) Comparaison des résultats de la simulation de la permittivité effective ($\varepsilon = \varepsilon^y$) d'un composite contenant une inclusion de type KS avec les valeurs déduites de l'équation de MG et des bornes de HS en fonction de la fraction surfacique de l'inclusion ϕ_2. $\varepsilon_1 = 1$ et $\varepsilon_1 = 10$. Le symbole #n indique l'itération numéro n.(b) idem à (a) pour l'évolution de la permittivité effective en fonction du paramètre $\tilde{p}\sqrt{\phi_2}$. L'insert indique une superposition des données FDTD en accord avec la transformation de similarité considérée. Les facteurs de décalage sont : 0.86, 0.68, 0.53, et 0.40 pour $n = 1, 2, 3$, et 4. (c) comparaison de $\tilde{\varepsilon}$ en fonction de ϕ_2 avec la valeur prévue de la dualité. Pour la comparaison nous avons également indiqué les données correspondant à une inclusion discoïdale (•). (d) Cartographie du module du champ électrique champ électrique $\sqrt{E_x^2 + E_y^2}$ calculé par la méthode FDTD. L'inclusion considérée est la troisième itération du KS.

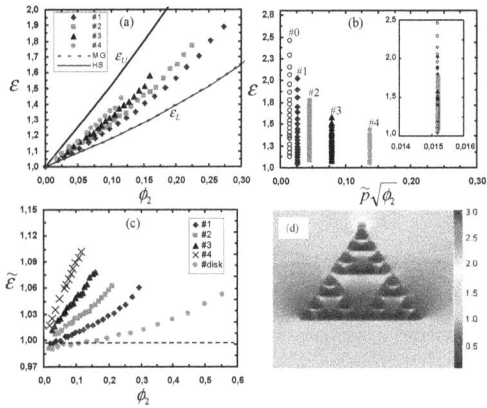

Fig. 3.16 – (a) Comparaison des résultats de la simulation de la permittivité effective ($\varepsilon = \varepsilon^y$) d'un composite contenant une inclusion de type ST avec les valeurs déduites de l'équation de MG et des bornes de HS en fonction de la fraction surfacique de l'inclusion ϕ_2. $\varepsilon_1 = 1$ et $\varepsilon_1 = 10$. Le symbole #n indique l'itération numéro n. (b) idem à (a) pour l'évolution de la permittivité effective en fonction du paramètre $\tilde{p}\sqrt{\phi_2}$. L'insert indique une superposition des données FDTD en accord avec la transformation de similarité considérée. Les facteurs de décalage sont : 0.58, 0.33, 0.19, et 0.11 pour $n = 1, 2, 3$, et 4. (c) comparaison de $\tilde{\varepsilon}$ en fonction de ϕ_2 avec la valeur prévue de la dualité, c.-à-d. 1. Pour la comparaison nous avons également indiqué les données correspondant à une inclusion discoïdale (•). (d) Cartographie du module du champ électrique champ électrique $\sqrt{E_x^2 + E_y^2}$ calculée par la méthode FDTD. L'inclusion considérée est la troisième itération du ST.

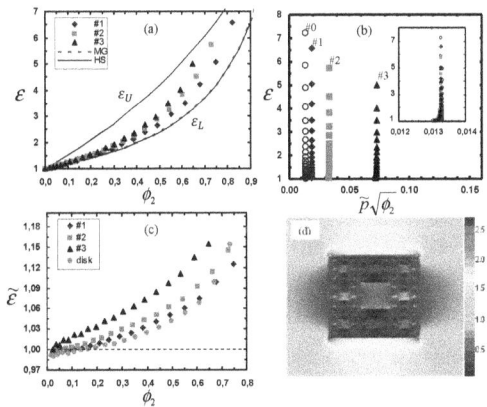

Fig. 3.17 – (a) Comparaison des résultats de la simulation de la permittivité effective ($\varepsilon = \varepsilon^y$) d'un composite contenant une inclusion de type SQ avec les valeurs déduites de l'équation de MG et des bornes de HS en fonction de la fraction surfacique de l'inclusion ϕ_2. $\varepsilon_1 = 1$ et $\varepsilon_1 = 10$. Le symbole #n indique l'itération numéro n. (b) idem à (a) pour l'évolution de la permittivité effective en fonction du paramètre $\tilde{p}\sqrt{\phi_2}$. L'insert indique une superposition des données FDTD en accord avec la transformation de similarité considérée. Les facteurs de décalage sont : 0.71, 0.40, et 0.18 pour $n = 1, 2$, et 3. (c) comparaison de $\tilde{\varepsilon}$ en fonction de ϕ_2 avec la valeur prévue de la dualité, c.-à-d. 1. Pour la comparaison nous avons également indiqué les données correspondant à une inclusion discoïdale (•). (d) Cartographie du module du champ électrique champ électrique $\sqrt{E_x^2 + E_y^2}$ calculée par la méthode FDTD. L'inclusion considérée est la troisième itération du SQ.

de noter que la relation de dualité a été explicitée dans ces premiers traveaux en termes de conductivité ; dans la présente

étude, elle sera traitée en termes de permittivité effective [7, 39, 54]. Elle peut être appliquée à n'importe quel matériau

composite biphasé 2D le long des axes principaux x et y du tenseur de la permittivité effective, c-à-d. indépendamment

de la géométrie des phases. Il a été établi que la permittivité effective $\varepsilon^x(\varepsilon_1, \varepsilon_2)$ définie suivant la direction $x-$ pour un

milieu dans lequel les inclusions (resp. la matrice) ont une permittivité intrinsèque ε_1(resp. ε_2) est liée à la permittivité

effective lorsque la polarisation du champ électrique est appliquée suivant la direction $y-$, $\varepsilon^y(\varepsilon_2, \varepsilon_1)$ lorsqu'on opère

une permutation des phases. Indépendamment de la structure spécifique considérée, la relation de dualité est donnée par

l'équation suivante :

$$\varepsilon^x(\varepsilon_1, \varepsilon_2)\varepsilon^y(\varepsilon_2, \varepsilon_1) = \varepsilon_1\varepsilon_2 \tag{3.5}$$

Dans le cas où le matériau composite est macroscopiquement isotrope, c-à-d. lorsque le tenseur de permittivité effec-

tive est invariant par rotation, l'Eq. 3.5, se réduit à : $\varepsilon(\varepsilon_1, \varepsilon_2)\varepsilon(\varepsilon_2, \varepsilon_1) = \varepsilon_1\varepsilon_2$. Il est généralement admis que cette relation

est indépendante des détails de la morphologie du matériau composite. On note que la formule de MG ne satisfait pas

l'Eq. 3.5, excepté pour l'inclusion de forme isotrope (disque, $A = \frac{1}{2}$), parce que cette formulation n'est pas réciproque.

Sur la Fig. 3.14, on peut vérifier que, pour un choix spécifique des valeurs de la permittivité intrisèque des phases 1 et 2,

aucune symétrie d'inversion de phase ne peut être détectée à $\phi_2 = \frac{1}{2}$. Dans ce cas-ci, la dualité est satisfaite seulement

si $A = \frac{1}{2}$. Mais, contrairement à l'analyse de MG, les lignes en pointillé correspondant à l'équation de SBG (Fig. 3.14),

illustrent un comportement symétrique par rapport à $\phi_2 = \frac{1}{2}$.

Dans cette partie du manuscrit, deux principaux résultats seront présentés. Dans le but de compléter les résultats

obtenus précédemment, nous montrons l'influence de la forme de l'inclusion sur la permittivité effective du matériau

composite. Notre but est d'illustrer par une description explicite la transformation de dualité pouvant être utile pour

étudier la dépendance de la permittivité effective vis à vis de la morphologie de l'inclusion. En second lieu, nous étudions

comment la relation de dualité (Eq. 3.5), peut être mise à défaut par des structures composites contenant des objets fractals.

Ceci est lié à la limitation des applications de type milieu effectif et implique que seule une approche multipolaire permet

de décrire correctement le champ local dans les hétérostructures.

Les calculs numériques seront effectués sur trois structures fractales : le flocon de Koch (KS), le triangle (ST) et le

carré (SQ) de Sierpinski [56–58]. Nous rappelons que les diagrammes schématiques de ces morphologies ont été présentés

aux Figs. 3.1 (g)-(i). Pour chaque géométrie, le périmètre devient infiniment grand quand le nombre d'itérations de l'objet

fractal $\longrightarrow \infty$. Des différences notables entre les différentes structures ST, SQ et KS, proviennent de l'invariance de la

structure par une rotation de $90°$. Les Figs. 3.15-3.17 (a), comparent les données issues de la simulation de la prédiction

de ε en fonction de ϕ_2 avec la prédiction de MG et les bornes de Hashin-Strikman (HS) pour une inclusion discoïdale,

($A = \frac{1}{2}$). Les simulations conduisent à une variation monotone croissante de ε pour les faibles concentrations ($\phi_2 < 0.15$),

mais nous notons que l'équation de MG ne suit pas les données quantitatives dès lors que $\phi_2 > 0.15$. Ce comportement est

dû en partie à la forte sensibilité de la permittivité effective aux détails de la morphologie pour les fortes concentrations.

En outre, la formule de MG est basée sur une description dipolaire qui ne contient aucune référence aux caractéristiques

microscopiques de la structure de l'inclusion. Les bornes de HS pour ε qui s'appliquent lorsque ε_1 et ε_2 prennent des

Structures Topologiques	$R^{-2}K_n$	$R^{-2}K_\infty$	$R^{-1}P_n$	$R^{-1}P_\infty$	$s(n) = \frac{\tilde{p}_0\sqrt{\phi_{20}}}{\tilde{p}_n\sqrt{\phi_{2n}}}$	d_f
KS	$\frac{3\sqrt{3}}{4}\left\{1 + \frac{3}{5}\left[1 - \left(\frac{4}{9}\right)^n\right]\right\}$	$\frac{6\sqrt{3}}{5}$	$3\sqrt{3}\left[\left(\frac{4}{3}\right)^n\right]$	∞	$\left(\frac{4}{3}\right)^{-n}\sqrt{g(n)}$	$d_f = \frac{\log 4}{\log 3} \approx 1.26$
ST	$\frac{3\sqrt{3}}{4}\left[\left(\frac{3}{4}\right)^n\right]$	0	$3\sqrt{3}\left[\left(\frac{3}{2}\right)^n\right]$	∞	$(3)^{-n/2}$	$d_f = \frac{\log 3}{\log 2} \approx 1.59$
SQ	$2\left[\left(\frac{8}{9}\right)^n\right]$	0	$\frac{4\sqrt{2}}{5}\left[\left(4 + \frac{8}{3}\right)^n\right]$	∞	$5\left(\frac{8^{n/2}}{4(3^n)+8^n}\right)$	$d_f = \frac{\log 8}{\log 3} \approx 1.89$

TABLE 3.2 – Paramètres géométriques des structures topologiques considérées. P, K et d_f représentent le périmètre, la surface, et la dimension de Hausdorff d_f, respectivement, n est le nombre d'itérations et R le rayon du disque contenant chaque inclusion. $\tilde{p} = \frac{P}{K}$ est le rapport périmètre à surface.

valeurs réelles et positives ont été calculées et sont systématiquement comparées aux valeurs numériques obtenues par la FDTD. Les Figs. 3.15-3.17 (a), prouvent que la permittivité effective issue de notre simulation numérique se situe bien entre les bornes inférieure ε_L et supérieure ε_U de HS. Notons que dans ces figures, les résultats de MG sont identiques à ceux correspondantes à la borne inférieure de HS, c-à-d. ε_L.

Comme nous l'avons décrit à la section précédente, nous pouvons également vérifier que la relation entre le paramètre $\tilde{p}\sqrt{\phi_2}$, pour la valeur $n = 0$ et une valeur arbitraire n, peut s'exprimer par la transformation de similarité :

$$\tilde{p}_0\sqrt{\phi_{20}} = s(n)\tilde{p}_n\sqrt{\phi_{2n}} \tag{3.6}$$

Pour les trois structures KS, ST et SQ, le Tab. 3.2 donne l'expression de $s(n)$, la surface K, le périmètre P et la dimension de Hausdorff d_f.

Les considérations qui ont été développées précédemment conduisent à la relation généralisée de similarité suivante :

$$\varepsilon_0\left(\tilde{p}_0\sqrt{\phi_{20}}\right) = \varepsilon_n\left(s(n)\tilde{p}_n\sqrt{\phi_{2n}}\right) \tag{3.7}$$

L'équation précédente (Eq. 3.4), donne un exemple particulier de la relation de similarité pour la structure KS. Comme indiqué par l'Eq. 3.7, le comportement de la permittivité du composite contenant une inclusion fractale pour chaque itération n, est le même que celui relative à la géométrie de l'inclusion primitive, c-à-d. $n = 0$, avec un certain facteur de décalage $s(n)$. Les Figs. 3.15-3.17 (b), donnent une illustration de cette similarité au moins pour les quatre premières itérations des structures fractales considérées. L'insert de ces figures, montre clairement que les décalages des différents symboles associés à la transformation de similarité conduisent à une superposition des données en accord avec l'Eq. 3.7.

Considérons maintenant l'effet de changement de phase sur ε. Les graphiques représentés aux Figs. 3.15-3.17 (c), montrent que le terme $\tilde{\varepsilon} = \frac{\varepsilon^y(1,10)\varepsilon^x(10,1)}{10}$ est proche de l'unité seulement lorsque $\phi_2 < 0.15$. En revanche les résultats de simulation sont en désaccord avec les prédictions de la dualité pour $\phi_2 > 0.15$. La question de l'interprétation de ce désaccord se pose alors tout naturellement. Pour une particule discoïdale, dans le domaine où $\phi_2 < 0.15$, seules les interactions dipolaires contribuent à la polarisation. Dans le domaine où $\phi_2 > 0.15$, la contribution des multipôles induits par la structure joue un rôle important dans les mécanismes de dépolarisation. En effet, les modèles de MG et SBG ne

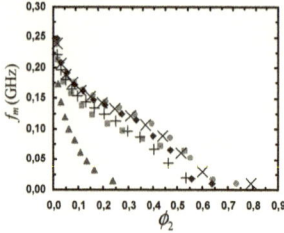

Fig. 3.18 – *Variation de la fréquence f_m en fonction de de la fraction surfacique ϕ_2 de l'inclusion. $\varepsilon_1 = 1$ et $\varepsilon_2 = 10$. Les symboles dénotent les différents types de polygones réguliers : triangle (▲), disque (●), carré (■), pentagone (+), hexagone (◆), octogone (×).*

peuvent valider les données numériques que dans le domaine de la limite diluée. Les Figs. 3.15-3.17 (d), montrent les distributions du champ électrique local. Ces distributions indiquent que les valeurs de champ fort sont localisées au voisinage des interfaces entre les phases de l'hétérostructure. La distribution du champ électrique étant non-uniforme à l'intérieur de l'inclusion, indique ainsi la limite d'application d'une approche de type milieu effectif (représentée par exemple par l'équation de SBG) pour décrire les propriétés diélectriques des matériaux composites contenant une inclusion de forme irrégulière.

L'analyse présentée ci-dessus est appropriée à la caractérisation des propriétés diélecriques de n'importe quel type de matériau composite biphasé contenant une inclusion de type fractal. Cependant, plusieurs points nécessitent les commentaires suivants. (i) Les caractéristiques de base de structures fractales est la dimension fractale d_f. Typiquement, c'est une mesure de la complexité de la structure auto-similaire. Ce qui est remarquablement est que nos résultats sont en accord très satisfaisants avec la relation de similarité (Eq. 3.7), pour les trois structures fractales ayant des morphologies et des valeurs de d_f différentes, c-à-d. la structure KS ne posséde ni cassure, ni vide, tandis que les structures ST et SQ sont perforées. Comme pour KS d_f est plus proche de l'unité (Tab. 3.2) on s'attend à ce que la rugosité du périmètre ait un effet supérieur à l'intérieur de la surface. Ceci, devrait nous aider à expliquer pourqoui il y a des faibles différences de ε entre les itérations, comme on peu le constater sur la Fig. 3.15 (a). (ii) La limitation de la technique numérique utilisée nous empêche d'étudier la transformation de similarité pour les valeurs de n plus grandes qu'un seuil n^*. Quand $n > n^*$, le périmètre de l'inclusion dans le matériau composite devient important, vraisemblablement plus grand que la dimension de l'échantillon et la longueur d'onde de l'onde excitatrice. Ainsi, nous ne pouvons plus déterminer explicitement la permittivité effective. Pour donner un exemple concret, il est facile de vérifier que pour une inclusion de type KS, la limite inférieure $n*$ est typiquement de l'ordre de $\frac{\ln\left(\frac{c}{3\sqrt{3}Rf}\right)}{\ln\left(\frac{4}{3}\right)}$, soit environ 10 pour des valeurs importantes de ϕ_2. Cependant, quand $n \geq 4$, l'incertitude élevée sur les valeurs du périmètre calculé peut être critique pour un contrôle précis de la transformation de similarité par une comparaison directe avec les valeurs de $s(n)$ données dans le Tab. 3.2 ; (iii) Dans les calculs rapportés ici, nous n'avons considéré que des matériaux composites sans perte. Cependant, l'analyse peut être facilement modifiée pour prendre en compte des pertes par absorption. Dans ce cas, la réponse diélectrique pour un champ électrique harmonique quasistatique est exprimée en terme d'une permittivité effective complexe $\varepsilon = \varepsilon' - j\varepsilon''$. Ce cas sera considéré dans le chapitre suivant.

Il est également instructif de déterminer quelle est la fréquence maximum f_m (définie lors du commentaire de la Fig. 3.3), pour laquelle les simulations par la méthode FDTD restent valides. La Fig. 3.18, montre la variation de la fréquence maximum f_m en fonction de ϕ_2 pour différentes configurations contenant des inclusions de forme polygonale régulière.

Sur cette figure, on remarque que f_m décroît rapidement quand ϕ_2 augmente. Nos simulations indiquent clairement deux ensembles de données à ϕ_2 fixe : d'une part, l'inclusion triangulaire, d'autre part, les autres types de polygones réguliers. Pour expliquer ce comportement particulier de l'inclusion triangulaire, il est important de se référer au Tab. 3.1. En fonction des valeurs de $R\tilde{p}$, les six inclusions peuvent être rangées dans un ordre décroissant : le triangle, le carré, le pentagone, l'hexagone, l'octogone, et le disque. Pour le triangle, le nombre de sommets est plus faible et sa forme pointue le distingue des autres polygones.

3.3 Conclusion

Dans les sections précédentes, nous avons présenté une analyse des effets de la morphologie et de la permittivité intrinsèque des constituants pour des hétérostructures biphasées sans perte contenant une inclusion de forme arbitraire. Une question fondamentale que nous nous sommes posée a été de savoir si on peut prendre en compte de nouveaux types de descripteurs morphologiques d'inclusions, par exemple, en incluant l'information sur la rugosité du périmètre, pour pouvoir mieux caractériser la permittivité effective, ou en d'autres termes de savoir si la fraction surfacique est le paramètre adéquat pour la représentation de la permittivité effective. Un élément de réponse que notre étude a apportée est de faire ressortir que le descripteur $\tilde{p}\sqrt{\phi_2}$ permet d'étudier de façon assez sensible (et de discriminer) les effets dus au périmètre de ceux dus à la surface sur la permittivité effective de composites. Ceci est bien illustré dans le cas des structures fractales diphasées (Figs. 3.7 (b) et 3.13 (b)).

En résumé, nous disposons d'une méthode numérique basée sur une analyse FDTD qui nous permet d'évaluer l'influence d'une géométrie arbitraire d'inclusion sur les propriétés de polarisation diélectrique dans les matériaux hétérogènes. Par sa généralité, cette méthode doit pouvoir apporter des informations pertinentes sur les rôles respectifs des différents descripteurs géométriques (ici à 2D, périmètre et surface) dans l'étude de la propagation d'une onde électromagnétique dans les matériaux et structures complexes caractérisés par des propriétés à échelles multiples, comme par exemple les nanostructures, où il est primordial de pouvoir évaluer les effets d'interfaces sur les mécanismes de polarisation diélectrique. Dans ce contexte, il n'est pas inutile de rappeler que cette étude a été réalisée dans la limite quasi-statique, où la longueur d'onde est beaucoup plus grande que la taille typique de la phase d'inclusion.

4

Propriétés effectives de structures composites perforées

Sommaire

4.1 Introduction

Si la question des propriétés diélectriques d'hétérostructures à deux phases a fait l'objet de nombreux travaux [13,17], fort peu en revanche se sont intéressés aux caractéristiques diélectriques de structures perforées où l'une des phases s'apparente à l'air. Ceci est d'autant plus regrettable que beaucoup de matériaux technologiques ou de milieux géophysiques possèdent une porosité importante. Le but principal de ce chapitre est de présenter une analyse, par la méthode FE, de la permittivité effective de structures composites perforées 2D [1] comprenant des espaces vides organisés. Cette analyse permet d'apporter un éclairage innovant sur le rôle des différents paramètres (fraction surfacique et périmètre de l'inclusion, contraste de permittivité entre l'inclusion et la matrice hôte, pertes diélectriques et forme des trous) influençant la permittivité effective de ces structures.

La problématique envisagée repose sur quatres hypothèses : (1) nous considérons un système 2D avec pertes, non-dispersif, en supposant que l'inclusion et la matrice ont des topologies différentes, (2) nous supposons qu'il existe un contraste entre la permittivité de la matrice et celle des inclusions, (3) l'inclusion est modélisée comme un objet perforé déterministe, et (4) l'interaction onde-matière est traitée dans l'hypothèse quasi-statique. Ces conditions peuvent représenter de nombreuses situations physiques réelles, même si d'autres paramètres morphologiques, tel que la rugosité des interfaces, peuvent affecter la réponse diélectrique de la structure.

4.2 Validation de la méthode FE

D'un point de vue purement géométrique, un milieu poreux peut être représenté par un objet perforé de forme arbitraire. L'analyse qui suit sera faite pour les structures (triangle, réseau de disques, nid d'abeille, double-anneau, triangle

---

1. D'un point de vue électromagnétique, les structures 2D considérées sont assimilées à des sections droites d'objets 3D infinis dans la direction perpendiculaire à la section plane. Les caractéristiques diélectriques sont donc invariantes selon cette direction. On pourra ainsi considérer qu'un tel composite est décrit par deux valeurs de la permittivité : une permittivité effective parallèle qui s'écrit $\varepsilon_L = \varepsilon_1 \phi_1 + \varepsilon_2 \phi_2$, avec ε_i et ϕ_i représentant les valeurs intrinsèques des permittivités et fractions volumiques des deux constituants, et une permittivité transverse ε que nous cherchons à caractériser.

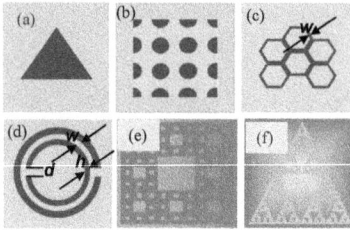

Fig. 4.1 – *Formes d'inclusions considérées :(a) triangle, (b) réseau de disques de taille a, (c) nid d'abeille (w est l'épaisseur des parois), (d) double-anneau (w est la largeur entre les anneaux, d est la longueur de la partie coupée de l'anneau, et h l'épaisseur de l'anneau), (e) carré de Sierpinski, et (f) triangle de Sierpinski.*

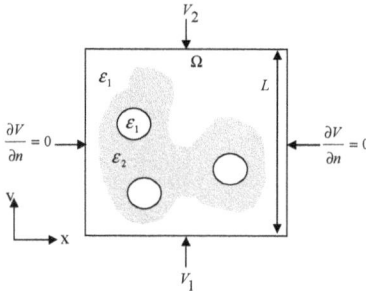

Fig. 4.2 – *Schéma de la cellule unité du composite perforé. Les trous sont dans ce cas particulier de forme discoïdale.*

et carré de Sierpinski) représentées à la Fig. 4.1. Les nids d'abeille et le réseau de disques circulaires sont des exemples typiques d'inclusions qui ont un intérêt à la fois théorique et expérimental considérables [7, 17, 18]. Les nids d'abeille sont des structures cellulaires souvent employées dans les applications qui exigent à la fois de bonnes propriétés mécaniques et électromagnétiques. Les double-anneaux (Split Ring Resonateur (SRR)) constituent une géométrie particulière qui a été étudiée assez récemment pour l'étude des milieux à permittivité négative (métamatériaux) [59]. L'importance des modèles fractals déterministes a été identifiée dans la conception et la réduction de taille d'antennes radiofréquences [60]. Les structures fractales sont également intéressantes à la fois pour des aspects fondamentaux et des applications biologiques.

La méthodologie de calcul de la permittivité effective a été discutée en détail au deuxième chapitre. Le schéma de la Fig. 4.2, représente une structure perforée arbitraire de permittivité $\varepsilon_2 = \varepsilon_2' - j\varepsilon_2''$ dans une matrice de permittivité $\varepsilon_1 = \varepsilon_1' - j\varepsilon_1''$.

En préambule, nous rappelons que nous ne discutons pas ici les mécanismes physiques à l'origine des pertes diélectriques, par exemple l'orientation dipolaire. Cependant, si ces mécanismes proviennent d'une relaxation de la polarisation, nous insistons sur le fait que nos résultats ne s'appliquent que dans une gamme de fréquences telle que l'approche quasi-statique soit satisfaite, c-à-d. que la longueur d'onde incidente doit être beaucoup plus grande que l'échelle spatiale caractéristique des inhomogénéités du matériau. Dans ce chapitre, nous sommes concernés par l'étude des structures composites dont l'inclusion perforée a une permittivité $\varepsilon_2 = \varepsilon_2' - j\varepsilon_2''$, avec différents types de trous remplis d'air de permittivité $\varepsilon_1 = 1 - j0$. L'inclusion est distribuée dans une cellule unité de longueur $L = 1$ qui a comme permittivité $\varepsilon_1 = 1 - j0$.

De façon à pouvoir valider les résultats numériques obtenus par notre méthode générale, nous commençons par étudier le cas d'une géométrie simple étudié par Ang et ses collaborateurs (Ang a utilisé le logiciel flux 2D, à base d'éléments finis) [18], c-à-d. une inclusion de forme triangulaire ($\varepsilon_2 = 7 - j0.07$) insérée dans une matrice avec perte ($\varepsilon_1 = 80 - j4$).

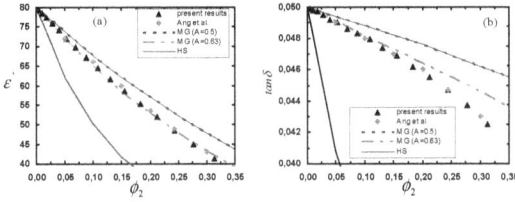

Fig. 4.3 – (a) Partie réelle de la permittivité effective d'une structure composée contenant une inclusion triangulaire ($\varepsilon_2 = 7 - j0.07$) dans une matrice carrée ($\varepsilon_1 = 80 - j4$). (b) Idem à (a) pour la tangente de perte diélectrique.

Aux Figs. 4.3 (a) et (b), nous montrons les comportements de la partie réelle de la permittivité effective ε' et la tangente de perte diélectrique ($\tan \delta = \frac{\varepsilon''}{\varepsilon'}$) en fonction de ϕ_2, respectivement. Nous avons choisi les valeurs données dans [18] pour les paramètres ε_1 et ε_2 afin de pouvoir comparer nos propres résultats avec ceux de Ang. Deux aspects importants sont à noter. Notons le très bon accord entre les valeurs obtenues par la méthode FE et celles obtenues par Ang sur toute la gamme de ϕ_2 considérée pour ε' et $\tan \delta$.

Généralement, l'équation de MG (Eq. 1.22) permet de fournir une bonne description de la réponse diélectrique de matériaux composites biphasés pour de faibles fractions surfaciques de l'inclusion, c-à-d. dans la limite diluée [17, 61, 62]. Toutes les tentatives pour comparer les résultats obtenus par la méthode FE à ceux obtenus par l'équation de MG sont compliquées par la difficulté d'estimer le facteur de dépolarisation A pour les inclusions de forme complexe. La courbe en pointillé tracée aux Figs. 4.3 (a) et (b) montre un ajustement des données de ε' et $\tan\delta$ dans la limite diluée ($\phi_2 < 0.15$). Pour l'inclusion triangulaire, la valeur obtenue de A par un ajustement des données numériques est 0.63. Dans la limite diluée, la prédiction de MG pour $A = 0.63$ est en bon accord avec les données numériques. Comme le montre la Fig. 4.3, la comparaison des courbes (traits pleins) correspondant aux variations de Hashin et Shtrikman (HS) et MG (pour une inclusion discoïdale, $A = \frac{1}{2}$) illustrent le fait que l'équation de MG donne une limite inférieure rigoureuse pour ε. Les différentes figures de ce chapitre montrent une comparaison des valeurs calculées de ε avec les limites supérieures ε_U et inférieures ε_L de HS (Eqs. 1.28 et 1.29). De façon générale, ces figures montrent clairement que les valeurs de ε se situent entre les limites ε_L et ε_U de HS.

4.3 Effets de la fraction surfacique et du périmètre réduit

Après ces remarques introductives, nous présentons des calculs quantitatifs de la permittivité effective complexe de structures perforées en fonction de plusieurs facteurs physiques caractérisant ces hétérostructures, notamment la fraction surfacique de l'inclusion et le contraste de permittivité entre l'inclusion et la matrice. Aux Figs. 4.4 (a)-(f), nous comparons les variations des parties réelle, ε', et imaginaire, ε'', pour les structures perforées (b), (c), et (d) de la Fig. 4.1, en fonction de ϕ_2, en prenant $\varepsilon_1 = 1$ et $\varepsilon_2 = 10 - j$. Nous soulignons que le choix des paramètres géométriques de la structure restreint la gamme des valeurs de ϕ_2 qui peut être explorée d'un point de vue numérique. Les données des Figs. 4.4 (a) et (b), permettent de dégager trois faits saillants : (i) globalement, les valeurs de ε' et ε'' augmentent quand ϕ_2 augmente ; (ii) cependant, il y a de grandes différences entre les trois ensembles de données. Par exemple, pour un réseau de disques, une variation importante de ϕ_2 peut conduire à des changements important de ε' et ε'' selon la valeur du paramètre de réseau, a. Plus la valeur de celui-ci est grande, plus les valeurs de ε' et ε'' sont élevées. On constate donc que les valeurs de ε' et ε'' sont sensibles au nombre de disques dans le réseau. On observe des tendances similaires pour des inclusions

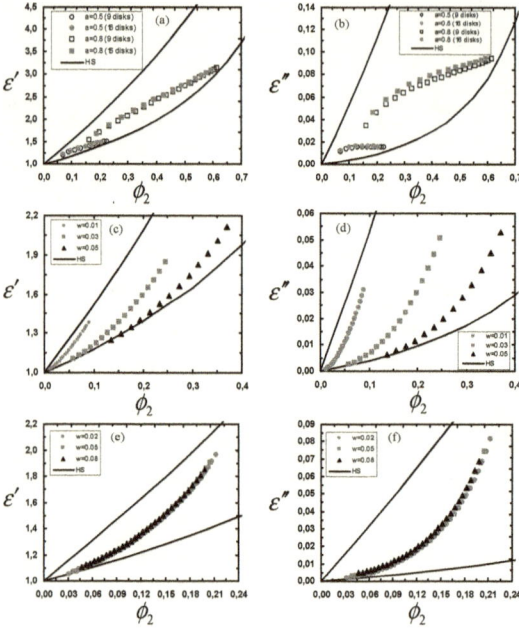

Fig. 4.4 – (a) Partie réelle de la permittivité effective d'un réseau de disques contenant 9 ou 16 disques circulaires avec différentes valeurs du paramètre a. Les valeurs de la permittivité effective sont $\varepsilon_1 = 1$ et $\varepsilon_2 = 10 - j$. Les lignes pleines indiquent les limites inférieure et supérieure de HS, (b) idem à (a) pour la partie imaginaire de la permittivité effective, (c) idem à (a) pour le réseau de nid d'abeilles, (d) idem à (c) pour la partie imaginaire de la permittivité effective, (e) idem à (a) pour le réseau de double-anneau, (f) idem à (e) pour la partie imaginaire de la permittivité effective.

de type nid d'abeilles et double-anneau. Comme le montre les Figs. 4.4 (c) et (d), plus le paramètre géométrique w est important, plus les valeurs de ε' et ε'' sont faibles. Aux Figs. 4.4 (e) et (f), nous montrons l'influence de la valeur w sur les valeurs de ε' et ε'' pour l'inclusion de type double-anneau. A partir de ces figures, nous constatons que ε' et ε'' sont sensibles à la valeur de w dans une gamme de ϕ_2 comprise entre 0.02 et 0.1 pour l'ensemble de paramètres particuliers $\varepsilon_1 = 1$ et $\varepsilon_2 = 10 - j$; et (iii) de l'observation des Figs. 4.4 (d) et (f), nous montrons de plus que les pertes diélectriques demeurent faibles même pour les valeurs de ϕ_2 les plus élevées $\frac{\varepsilon_2}{\varepsilon_1}$.

Aux Figs. 4.5 et 4.6, nous illustrons les variations de ε' et ε'' pour des structures dont l'inclusion trouée possède une symétrie fractale (triangle et carré de Sierpinski). Pour chaque figure, les données numériques de ε' et ε'' en (a) et (b) sont représentées en fonction de la variable ϕ_2, et celles en (c) et (d) sont déduites en fonction de la variable $\tilde{p}\sqrt{\phi_2}$. Nous avons déjà argumenté dans le chapitre précédent sur la pertinence de l'utilisation de ce descripteur pour décrire les propriétés diélectriques des structures à inclusion fractale [35]. A partir de ces figures nous pouvons déduire deux choses : (1) tout d'abord, nous observons aux Figs. 4.5-4.6 (c) et (d), que des différences notables existent entre les valeurs de ε' (resp. ε'') correspondant aux différentes itérations quand $\tilde{p}\sqrt{\phi_2}$ est utilisé comme descripteur morphologique des résultats numériques, et ensuite (2) l'insert de ces figures montre que la permittivité effective correspondant à l'itération, n, ε'_n (resp. ε''_n), peut s'obtenir à partir de la permittivité effective correspondant à $n = 0$, ε'_0 (resp. ε''_0) à l'aide de la transformation de similarité introduite dans le chapitre précédent : $\varepsilon_0\left(\tilde{p}_0\sqrt{\phi_{20}}\right) = \varepsilon_n\left(s(n)\left(\tilde{p}_n\sqrt{\phi_{2n}}\right)\right)$, (resp. $\varepsilon_0^{'ou''}\left(\tilde{p}_0\sqrt{\phi_{20}}\right) = \varepsilon_n^{'ou''}\left(s(n)\left(\tilde{p}_n\sqrt{\phi_{2n}}\right)\right)$) c-à-d. par un décalage des courbes d'un facteur d'échelle égale à $s(n)$. Par exemple, $s(n) = (3)^{-n/2}$ pour le triangle de Sierpinski et $s(n) = 5\left(\frac{8^{n/2}}{4(3^n)+8^n}\right)$ pour le carré de Sierpinski, comme nous l'avons vu

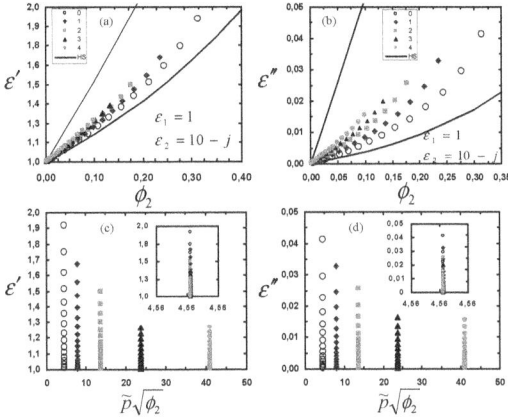

Fig. 4.5 – (a) Comparaison de la partie réelle de la permittivité effective d'un composite contenant un triangle de Sierpinski en fonction de la fraction surfacique. Les valeurs de la permittivité effective sont $\varepsilon_1 = 1$ et $\varepsilon_2 = 10 - j$. Les lignes pleines indiquent les limites inférieure et supérieure de HS, (b) idem à (a) pour la partie imaginaire de la permittivité effective, (c) idem à (a) avec les données numériques tracées en fonction de $\tilde{p}\sqrt{\phi_2}$. L'insert montre que les données se superposent après l'application de la relation de similarité (d) Mêmes données que pour (b) pour la partie imaginaire de la permittivité effective tracées en fonction de $\tilde{p}\sqrt{\phi_2}$. L'insert montre également ment la superposition des données en appliquant la même transformation de similarité.

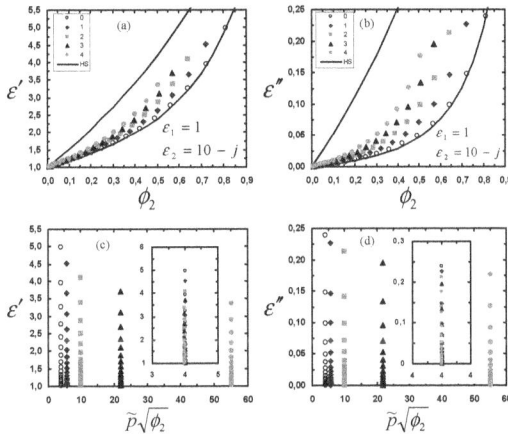

Fig. 4.6 – Idem à la Fig. 4.5, pour le carré de Sierpinski.

précédement. Pour chaque figure, les inserts indiquent que la transformation de similarité est bien effective au moins pour les quatre premières itérations. Nous rappelons que la signification du paramètre morphologique $\tilde{p}\sqrt{\phi_2}$ provient du fait que pour les fortes fractions surfaciques, c'est le périmètre qui domine la géométrie globale de l'inclusion de forme irrégulière. Nos calculs prouvent également que les parties réelle et imaginaire de la permittivité effective sont décrites par la même transformation de similarité.

4.4 Effet du contraste de permittivité

Dans un deuxième ensemble de simulations, nous avons choisi différentes valeurs de ε_2' et ε_2''. Pour obtenir un contraste raisonnable entre les propriétés diélectriques des deux phases, les valeurs suivantes ont été prises : $\varepsilon_2' = 10$ et $\varepsilon_2'' = 10^3$. Les Figs. 4.7 (a)-(f), montrent les variations de ε' et ε'' pour les structures perforées (b), (c), et (d) de la Fig. 4.1, et les Figs. 4.8-4.9, montrent les variations de ε' et ε'' pour les structures perforées (e), et (f) de la Fig. (4.1).

Il est à noter qu'on observe aucun changement qualitatif notable avec les graphiques commentés dans la section 4.3, à

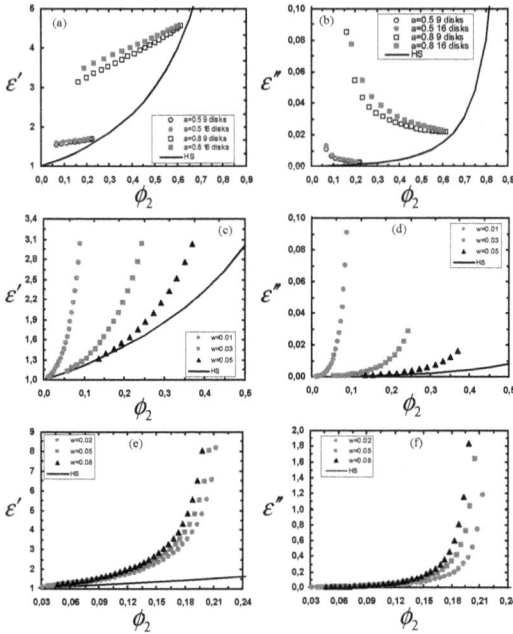

Fig. 4.7 – (a) Partie réelle de la permittivité effective d'un réseau de disques contenant 9 ou 16 disques circulaires avec différentes valeurs du paramètre a. Les valeurs de la permittivité effective sont $\varepsilon_1 = 1$ et $\varepsilon_2 = 10 - j10^3$. Les lignes pleines indiquent les limites inférieure et supérieure de HS, (b) idem à (a) pour la partie imaginaire de la permittivité effective, (c) idem à (a) pour le réseau de nid d'abeilles, (d) idem à (c) pour la partie imaginaire de la permittivité effective, (e) idem à (a) pour le réseau de double-anneau, (f) idem à (e) pour la partie imaginaire de la permittivité effective.

l'exception du réseau de disques pour lequel un comportement non-monotone apparaît à la Fig. 4.7 (b). Notons aussi que dans les Figs 4.7 (e) et (f), qui correspondent à des contrastes forts de la partir réelle de la permittivité entre la matrice et l'inclusion, les valeurs de ε' et ε'' du composite sont très sensibles à la valeur de la largeur w de l'intervalle entre les deux anneaux. Les similitudes entre les Figs. (4.5 et 4.8), et les Figs. (4.6 et 4.9), sont bien visibles : les variations suivent les mêmes tendances et indiquent que l'analyse basée sur la transformation de similarité est effective pour décrire la permittivité effective des structures contenant une inclusion de type fractale.

La Fig. 4.10, montre un exemple du rôle des inhomogénéités locales dans ces milieux complexes sur la distribution locale du champ électrique (normalisé au champ électrique appliqué) dans les deux directions x et y. Le facteur de renforcement de champ est défini par $F_j = \frac{E_j}{E_0}$, avec $j = x, y$, E_0 étant l'amplitude du champ d'excitation. Aux Figs. 4.10 (a) et (b), nous montrons la distribution spatiale des F_j pour les deux structures composites contenant une inclusion fractale ayant une forte densité d'interfaces. Ce qui est remarquable dans ces figures, c'est que le champ électrique est fortement localisé aux interfaces entre les constituants du composite. Cette observation est cohérente avec l'étude menée au chapitre précédent en utilisant la méthode FDTD.

4.5 Effet de la forme des trous

Une question importante qui se pose est de savoir comment la présence des trous à l'intérieur du système, caractérisée par la porosité interne q (définie par la surface des trous rapportée à la surface totale de l'inclusion), affecte la permittivité

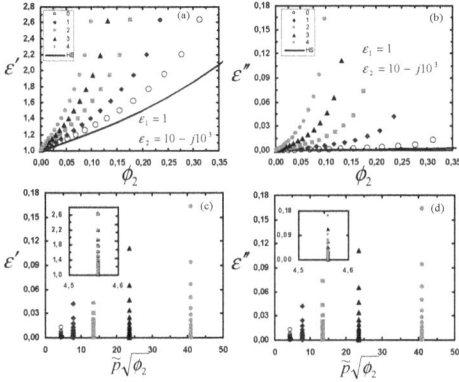

Fig. 4.8 – (a) Comparaison de la partie réelle de la permittivité effective d'un composite contenant un triangle
de Sierpinski en fonction de la fraction surfacique.
Les valeurs de la permittivité effective sont $\varepsilon_1 = 1$
et $\varepsilon_2 = 10 - j10^3$. Les lignes pleines indiquent les
limites inférieure et supérieure de HS, (b) idem à (a)
pour la partie imaginaire de la permittivité effective,
(c) idem à (a) avec les données numériques tracées
en fonction de $\tilde{p}\sqrt{\phi_2}$. L'insert montre que les données se superposent après l'application de la relation
de similarité (d) mêmes données que pour (b) pour
la partie imaginaire de la permittivité effective tracées en fonction de $\tilde{p}\sqrt{\phi_2}$. L'insert montre également
la superposition des données en appliquant la même
transformation de similarité.

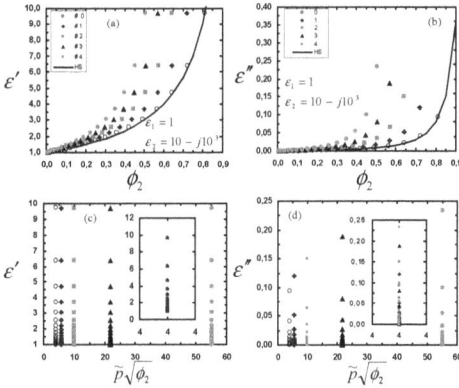

Fig. 4.9 – Idem à la Fig. 4.8, pour le carré de Sierpinski.

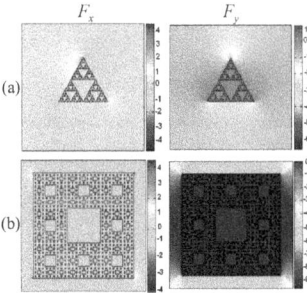

Fig. 4.10 – Cartographie des renforcements de champ local F_j, avec
$j = x, y$, montrant les corrélations spatiales avec les inhomogénéités de la structure perforée (ici un triangle et carré
de Sierpinski, avec $\varepsilon_1 = 1$, $\varepsilon_2 = 10 - j10^3$, et $\phi_2 = 0.39$).

effective des hétérostructures perforées biphasées. Aux Figs 4.11 (a) et (b), nous comparons la variation de ε' et ε'' en

fonction de la porosité pour l'ensemble des structures considérées dans ce chapitre. Cette comparaison permet d'aboutir

aux faits suivants : (1) tout d'abord, nous notons une grande sensibilité de ε' et ε'' à la porosité interne q de la structure ; (2)

un autre résultat remarquable réside également dans le contraste entre les variations monotones croissantes de ε' et ε'' en

fonction de q pour les structures perforées (nid d'abeille, double-anneau, triangle et carré de Sierpinski) et la décroissance

de ces grandeurs pour le réseau de disques ; et (3) nous observons également que les pertes diélectriques d'une structure

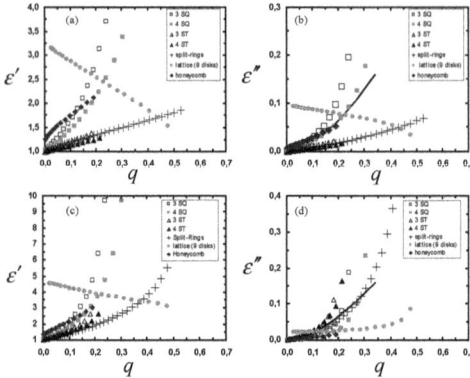

Fig. 4.11 – (a) Dépendance de la partie réelle de la permittivité effective en fonction de la porosité interne, q, pour différentes structures perforées avec $\varepsilon_1 = 1$ et $\varepsilon_2 = 10 - j$; (b) idem à (a) pour la partie imaginaire de la permittivité effective, (c) idem à (a) avec $\varepsilon_1 = 1$ et $\varepsilon_2 = 10 - j10^3$, (d) idem à (b) avec $\varepsilon_1 = 1$ et $\varepsilon_2 = 10 - j10^3$. L'insert rassemble les différents symboles associés.

perforée peuvent être minimisées par le choix d'une forme de trou. En particulier, nous notons que les valeurs les plus faibles de ε' et ε'' à porosité donnée correspondent à la structure contenant un triangle de Sierpinski, ou à celle du double-anneau lorsque $q < 0.6$, et par le réseau de disques pour les plus fortes porosités, dans les conditions où l'on choisit $\varepsilon_1 = 1$ et $\varepsilon_2 = 10 - j$ (Figs. 4.11 (a) et (b)). L'analyse des résultats présentés aux Figs. 4.11 (c) et (d), conduit à des conclusions semblables pour les structures perforées (nid d'abeille, anneau-double) lorsque $q < 0.35$ et pour le réseau de disque quand q est plus important, dans les conditions où l'on choisit $\varepsilon_1 = 1$ et $\varepsilon_2 = 10 - j10^3$.

L'importance de ces résultats est double. D'une part, cette figure met en évidence le comportement diélectrique de structures géométriquement "simples" comparées à d'autres structures "complexes" de type fractal. D'autre part, cette étude permet de comparer la dépendance de la permittivité effective en fonction de la porosité interne (double-anneau, nid d'abeille et réseau de disques) de structures poreuses fermées.

4.6 Discussion

A partir des résultats présentés ci-dessus, les influences de la structure et de l'arrangement des pores sur les caractéristiques diélectriques peuvent être décrites. Par exemple, on peut aisément voir d'après la Fig. 4.11, que la permittivité effective d'une structure perforée peut être largement modifiée d'au moins un ordre de grandeur dans une petite gamme de porosité, ce qui est important parce que cela permet d'obtenir de faibles valeurs de ε' et ε'' en contrôlant la fraction surfacique et la forme des pores.

Il est intéressant de relier ces résultats numériques au fait qu'en Géophysique beaucoup de roches poreuses macroscopiquement isotropes possédant un réseau poreux compliqué ont une réponse électrique qui a souvent été décrite phénoménologiquement par une loi de puissance de la forme $\sigma \propto q^m$ (formule d'Archie), où σ est la conductivité électrique effective du matériau poreux, et m est un exposant qui est déterminé empiriquement [54, 61]. Nous avons cherché à comparer nos résultats numériques avec ceux déduits de la formule d'Archie. La courbe en trait plein aux Figs. 4.11 (b) et (d), représente un ajustement, utilisant la formule d'Archie, des données de ε'' pour la structure perforée contenant la quatrième itération du carré de Sierpinski. Nous observons que la loi d'Archie ne peut pas donner une bonne représentation des données simulées de ε'' pour la structure choisie, sauf pour les faibles valeurs de q ($q < 0.15$, Figs. 4.11 (b) et (d)). En dehors de cette zone de faible porosité, le comportement de $\varepsilon''(q)$ prévu est en profond désaccord avec la loi d'Archie. Cette conclusion peut être généralisée aux autres types de structures à l'exception du réseau de disques.

Les résultats rapportés dans ce chapitre et aux réferences [35, 63] posent plusieurs questions intéressantes. Les recherches de Calame et ses collaborateurs ainsi que nos propres travaux [39] ont démontré que l'arrangement des inclusions dans la matrice peut considérablement modifier la permittivité effective de structures composites avec perte. Cependant, les résultats présentés ici montrent que ce n'est pas toujours le cas comme on peut le constater aux Figs. 4.11 (b) et (d). Cela n'est pas en contradiction avec les travaux précédents mais souligne la nécessité d'une connaissance précise des caractéristiques morphologiques de ces milieux à forte densité d'interfaces pour évaluer comment les inhomogénéités locales de la structure affectent la distribution du champ électrique. Comme le montre la Fig. 4.11, les distributions spatiales des champs locaux sont non-uniformes et sont très sensibles à la polarisation du champ appliqué. Nous avons vu précédemment que la complexité intrinsèque de la morphologie exige généralement une approche multipolaire pour décrire correctement l'influence de la microstructure de ces matériaux sur les propriétés diélectriques. C'est dans ce contexte que le facteur de dépolarisation qui est sous la dépendance des multipôles induits structurellement constitue une description pertinente des mécanismes physiques sous-jacents à la polarisation dans ces hétérostructures, sera étudié au chapitre suivant.

4.7 Conclusion

Dans ce chapitre, une série de structures perforées avec perte a été considérée. Comme d'autres géométries complexes [35], ces structures ont été choisies pour étudier le comportement diélectrique. Une variété de paramètres a été utilisée incluant la fraction surfacique, le périmètre de l'inclusion, le contraste de permittivité entre l'inclusion et la matrice, et la forme des trous. Le message central de cette étude est de montrer explicitement sur une variété d'exemples que la permittivité effective est fortement dépendante de la géométrie d'inclusion. Avec le corollaire qu'un contrôle détaillé de la morphologie d'une hétérostructure permet de bien ajuster ses propriétés diélectriques et les phénomènes de polarisation. Les idées présentées ne sont pas limitées aux structures perforées schématiquement représentées à la Fig. 4.1. Un autre résultat marquant a été le fait que pour les inclusions de type fractal, nous avons généralisé l'usage de la transformation de similarité précédemment établie. Cette similarité est significative parce qu'elle suggère qu'un simple paramètre (nombre d'itérations) peut être employé pour prévoir le comportement diélectrique de la structure composite contenant une inclusion de forme fractale. Cependant, ces résultats, même s'ils coréspondent à des géométries idéales, ne peuvent pas facilement se relier à des données expérimentales dans un but de vérification expérimentale.

Facteur de dépolarisation d'une inclusion de forme arbitraire

5.1 Introduction et motivation

Les mécanismes de polarisation (ou d'aimantation pour les systèmes magnétiques) dans les matériaux granulaires multiphasés, de même que la polarisabilité, et le facteur de dépolarisation (FD) associés à ces grains sont souvent mal connus même pour des structures 2D [1] à deux phases. Ceci est d'autant plus le cas lorsque les phases possèdent des formes arbitraires. Ces informations sont pourtant cruciales pour la modélisation des propriétés diélectriques (ou magnétiques) de ces systèmes. Les questions fondamentales qui se posent alors sont les suivantes : comment le FD change-t-il avec la forme et/ou l'orientation de l'inclusion ?, comment le FD est affecté par le contraste de permittivité entre l'inclusion et la matrice ?, quelle est l'influence des pertes diélectriques sur le FD ?, comment choisir et arranger l'inclusion dans une matrice donnée pour obtenir le FD le plus élevé (ou le plus petit) ? De façon générale, il n'est pas aisé de répondre à ces questions basiques.

Le calcul du FD pour quelques géométries prototypiques d'inclusion incluant le disque, le cylindre circulaire, le cylindre elliptique, la sphère, le sphéroïde allongé, et le sphéroïde aplati aux pôles a mené à un ensemble considérable de travaux théoriques durant ces dernières décennies et a conduit dans certains cas à des solutions rigoureuses [7, 13, 17, 64]. Cependant, le cas des inclusions de forme arbitraire est considérablement plus compliqué à résoudre. A ce jour, quelques tentatives ont concerné l'effet de la forme d'inclusion sur le FD dans les hétérostructures 2D. Parmi les travaux les plus récents, Weiglhofer [65] et Lakhtakia [66] ont décrit des procédures pour évaluer le FD tensoriel [17, 67]. Douglas et

---

1. D'un point de vue électromagnétique, les structures 2D considérées sont assimilées à des sections droites d'objets 3D infinis dans la direction perpendiculaire à la section plane. Les caractéristiques diélectriques sont donc invariantes selon cette direction. On pourra ainsi considérer qu'un tel composite est décrit par deux valeurs de la permittivité : une permittivité effective parallèle qui s'écrit $\varepsilon_L = \varepsilon_1\phi_1 + \varepsilon_2\phi_2$, avec ε_i et ϕ_i représentent les valeurs intrinsèques des permittivités et fractions volumiques des deux constituants, et une permittivité transverse ε que nous cherchons à caractériser.

Garboczi [68] ont montré que des grandeurs comme la permittivité ou la perméabilité magnétique peuvent être reliées à la forme de l'inclusion par une fonctionnelle explicite dépendant du FD. Sur la base de simulations FE, Sihvola et ses collaborateurs [13, 69] ont présenté une procédure pour calculer le FD de polyèdres platoniques.

Dans le cadre de la théorie standard de l'Électrodynamique [112], le FD est représenté par un tenseur. Il existe une manière élégante d'analyser le problème de l'interaction d'une onde électromagnétique avec un objet diélectrique en résolvant l'équation intégrale pour le champ électrique local E dans une particule homogène occupant un volume V et ayant une permittivité ε. Le champ local E est donné par l'équation suivante :

$$\vec{E}(\vec{r}) = \vec{E}_e(\vec{r}) + (\varepsilon - 1) \int_V \overset{\leftrightarrow}{G}(\vec{r}, \vec{r}') \vec{E}(\vec{r}') d\vec{r}' \qquad (5.1)$$

avec :

$$\overset{\leftrightarrow}{G}(\vec{r}, \vec{r}') = k^2 \left(\overset{\leftrightarrow}{1} + \frac{\nabla^2}{k^2} \right) \frac{\exp(-ik |\vec{r} - \vec{r}'|)}{4\pi |\vec{r} - \vec{r}'|}$$

$\overset{\leftrightarrow}{G}$ étant la fonction de Green, $\overset{\leftrightarrow}{1}$ est le tenseur d'unité, $\vec{\nabla} \equiv \vec{\nabla}_r$ est l'opérateur habituel de gradient qui agit sur la position $\vec{r}$, $\vec{E}_e$ est le champ électrique appliqué, et k représente l'intensité du vecteur d'onde. A un point r situé à l'intérieur de la source, la fonction de Green présente une singularité. Pour extraire une telle singularité, nous excluons un volume principal arbitraire V_s autour de $\vec{r}$, passons à la limite d'un V_s infinitésimal, et procédons comme Lee [71] et van Bladel [72] pour exprimer l'Eq. 5.1, sous la forme suivante :

$$E(\vec{r}) = \vec{E}_e(\vec{r}) + (\varepsilon - 1) \lim_{\delta \to 0} \int_{V - V_s} \overset{\leftrightarrow}{G}(\vec{r}, \vec{r}') J(\vec{r}') d\vec{r}' - (\varepsilon - 1) \overset{\leftrightarrow}{A} \vec{E}(\vec{r}) \qquad (5.2)$$

avec :

$$\overset{\leftrightarrow}{A} = \frac{1}{4\pi} \oint_s \frac{\vec{R}.d\vec{s}}{R^3}$$

$\overset{\leftrightarrow}{A}$ représente le FD généralisé associé à l'objet diélectrique, avec $\vec{R} = \vec{r} - \vec{r}'$, et $d\vec{s}$ étant la normale à la surface fermée S entourant le volume. Les détails de la théorie ont été présentés dans les références [67,71,72]. Dans l'Eq. 5.2, $\overset{\leftrightarrow}{A}$ dépend de la forme de l'objet diélectrique et non de ses dimensions à condition qu'elles restent sensiblement plus petites que la longueur d'onde dans l'espace libre. Il est important de noter que la discussion précédente peut être prolongée à l'Électrostatique en faisant tendre $k \to 0$. Dans ce cas l'expression du champ électrique local statique à l'intérieur d'une particule diélectrique homogène est donnée par [71,72].

$$E(r) = E_e(r) - (\varepsilon - 1) \overset{\leftrightarrow}{A} E(r) \qquad (5.3)$$

À l'exception des formes simples telles que le cube, la sphère, et le sphéroïde [13,66,67], nous ne connaissons pas actuellement d'estimation rigoureuse des composantes de $\overset{\leftrightarrow}{A}$ pour des objets ayant des formes plus compliquées, que ce soit en 2D ou en 3D. On notera également que le FD est connu dans la littérature mathématique sous l'appellation du tenseur de polarisation de Polya-Szegö qui apparaît dans les problèmes de la théorie du potentiel [73].

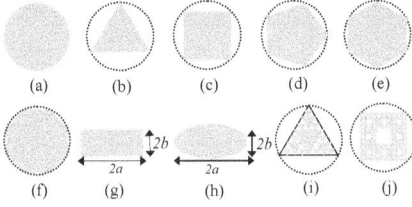

Fig. 5.1 – *Forme d'inclusions considérées : (a) disque, (b) triangle, (c) carré, (d) pentagone,(e) hexagone, (f) octogone, (g) rectangle, (h) ellipse, (i) triangle de Sierpinski, et (j) carré de Sierpinski.*

Dans ce chapitre, notre objectif est de montrer par la méthode FE que le FD est fortement influencé par la rugosité des interfaces de l'inclusion et de contribuer à une meilleure connaissance des relations qui existent entre la polarisation et la morphologie en général des hétérostructures diélectriques .

5.2 Méthodologie de calcul du facteur de dépolarisation

L'analyse qui suit sera faite pour des structures isotropes et anisotropes dont les formes sont représentées à la Fig. 5.1.

L'anisotropie peut provenir d'une certaine asymétrie dans la structure, par exemple de la distribution et de l'orientation des inclusions non discoïdales dans la matrice. Dans ce cas, le FD est représenté par le tenseur $\overleftrightarrow{A}$ dans un système de coordonnées Cartésiennes.

$$\overleftrightarrow{A} = \begin{bmatrix} A_{xx} & A_{xy} \\ A_{yx} & A_{yy} \end{bmatrix}$$

La trace de $\overleftrightarrow{A}$ est l'unité, ce qui implique que $0 \leq A_{ij} \leq 1$, avec $i = x, y$. Dans le cas d'une inclusion isotrope, le FD est une grandeur scalaire. Dans ce qui suit, la formulation est présentée en termes de quantités scalaires. Cependant, la procédure est facilement généralisable en considérant la permittivité et le FD comme des tenseurs. Nous avons déjà évoqué le fait que les formules de Maxwell Garnett (MG) et de Bruggeman (SBG) sont sans aucun doute les plus utilisées pour représenter les variations expérimentales ou numériques de la permittivité en fonction de la composition par des lois continues. L'idée principale qui est mise à profit dans notre étude consiste à se placer délibérément dans le domaine de la limite diluée pour lequel un développement du viriel de ε peut être effectué jusqu'à un ordre significatif. Ainsi, dans le cadre d'un développement de ces équations de MG et SBG, on trouve à l'ordre le plus bas :

$$f\left(\frac{\varepsilon_2}{\varepsilon_1}, \phi_2, A\right) = 1 + \alpha\phi_2 + O(\phi_2^2) \tag{5.4}$$

avec $\alpha_{MG} = \alpha_{SBG} = \frac{1}{A + \frac{1}{\frac{\varepsilon_2}{\varepsilon_1} - 1}}$. A l'ordre immédiatement supérieur, on a :

$$f\left(\frac{\varepsilon_2}{\varepsilon_1}, \phi_2, A\right) = 1 + \tilde{\alpha}\phi_2 + \tilde{\beta}\phi_2^2 + O(\phi_2^3) \tag{5.5}$$

avec $\tilde{\beta}_{MG} = \dfrac{1}{\left(A + \frac{2}{\frac{\varepsilon_2}{\varepsilon_1} - 1} + \frac{1}{A}\left(\frac{1}{\frac{\varepsilon_2}{\varepsilon_1} - 1}\right)\right)^2}$, et $\tilde{\beta}_{SBG} = \dfrac{\frac{\varepsilon_2}{\varepsilon_1}}{A^2\left(\frac{\varepsilon_2}{\varepsilon_1} - 1\right)\left(1 + \frac{1}{A\left(\frac{\varepsilon_2}{\varepsilon_1} - 1\right)}\right)^3}$

Selon que l'équation de MG ou SBG rend compte avec une très bonne approximation des données numériques dans une certaine gamme de fraction surfacique de la limite diluée, on a ainsi un moyen d'évaluer soit au premier ordre (Eq.

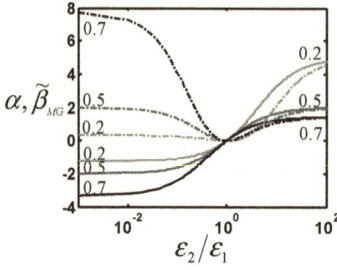

Fig. 5.2 – α et β_{MG} en fonction du rapport $\frac{\varepsilon_2}{\varepsilon_1}$. Les lignes en trait pointillé (resp. en trait plein) représentent α (resp. β_{MG}).

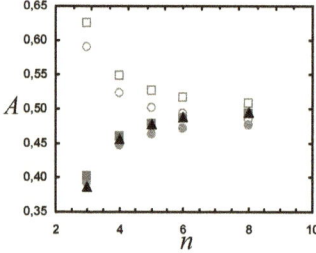

Fig. 5.3 – Dépendance du FD, A, d'inclusions de forme polygonale en fonction du nombre de côtés. Les cercles et carrés vides correspondent aux valeurs de A déduites à partir de l'approximation du premier-ordre, Eq. 5.4, et du second-ordre, Eq. 5.5, respectivement pour $\frac{\varepsilon_2}{\varepsilon_1} = \frac{20}{2}$, alors que les mêmes symboles pleins correspondent au cas $\frac{\varepsilon_2}{\varepsilon_1} = \frac{1}{100}$. Par comparaison, nous indiquons (triangles pleins) les valeurs trouvées par Garboczi et Douglas [68] pour des polygones dans la limite $\frac{\varepsilon_2}{\varepsilon_1} \longrightarrow \infty$.

5.4), soit au deuxième ordre (Eq. 5.5), le FD d'une inclusion. Dans la suite, nous confrontons les données numériques de la permittivité effective, pour les différentes formes représentées à la Fig. 5.1, issues d'une simulation par la méthode des FE avec soit l'Eq. 5.4, pour $\phi_2 < \phi_{2c0} \approx 0.05$, ou à l'aide de l'Eq. 5.5, pour $\phi_2 < \phi_{2c0} \approx 0.10$.

Les Eqs 5.4 et 5.5, appellent deux commentaires. (1) le coefficient α du développement limité au premier ordre est le même pour les équations de MG et SBG. Ainsi, nous obtenons la valeur de A à partir de l'approximation basée sur la limite diluée. La valeur de A est donc indépendante du modèle choisi pour décrire la permittivité. (2) l'Eq. 5.4, permet la détermination de A indépendamment de ϕ_2. À titre d'illustration et pour donner quelques ordres de grandeur, nous traçons α et β_{MG} en fonction de $\frac{\varepsilon_2}{\varepsilon_1}$ pour différentes valeurs du FD comme on peut le constater sur la Fig. 5.2. Dans la limite où $\frac{\varepsilon_2}{\varepsilon_1} \to \infty$, $\tilde{\beta}_{MG} \to \frac{1}{A} = \tilde{\beta}^\infty$, tandis que $\tilde{\beta}_{SBG} \to \frac{1}{A^2} = \left(\tilde{\beta}^\infty\right)^2$.

5.3   Evaluation du facteur de dépolarisation

Les évaluations numériques de $\overleftrightarrow{A}$ (ou des composantes Cartésiennes de A) sont réunies dans les Tabs. 5.1-5.10. Avant que nous procédions à une discussion des données du FD, nous notons, que ce soit par un ajustement de $\varepsilon(\phi_2)$ dans le domaine des faibles concentrations, en employant une approximation du premier ordre, c-à-d. par l'Eq. 5.4, ou par une approximation du second ordre, c-à-d. en faisant usage de l'Eq. 5.5, nous avons obtenu des résultats comparables numériquement pour le FD. Les valeurs du FD qui seront discutées dans la suite, notamment celles utilisées dans les différentes figures, sont celles obtenues en utilisant l'Eq. 5.5.

5.3.1   Effets du changement de forme et d'orientation de l'inclusion

Considérons tout d'abord le cas des polygones (Fig. 5.3 et Tab. 5.1). De façon assez remarquable, nous avons trouvé une tendance générale pour la série de polygones étudiés : les valeurs de A sont sensiblement plus élevées quand le

Approximation	Inclusion							
	$A\left(\frac{\varepsilon_2}{\varepsilon_1}=\frac{20}{2}\right)$		$A\left(\frac{\varepsilon_2}{\varepsilon_1}=\frac{2000}{2}\right)$		$A\left(\frac{\varepsilon_2}{\varepsilon_1}=\frac{1}{100}\right)$		ϕ_{2co}	
	1	2	1	2	1	2	1	2
Disque ([a] $\theta = 0°$)	0.482	0.497	0.482	0.497	0.482	0.503	0.049	0.102
Triangle équilatéral ([b] $\theta = 0°$)	0.392	0.401	0.368	0.374	0.590	0.626	0.050	0.108
Carré ([c] $\theta = 0°$)	0.447	0.461	0.438	0.451	0.523	0.549	0.051	0.109
Pentagone régulier ([d] $\theta = 0°$)	0.464	0.478	0.460	0.473	0.501	0.526	0.050	0.108
Hexagone régulier ([e] $\theta = 0°$)	0.471	0.487	0.469	0.484	0.493	0.516	0.051	0.104
Octogone régulier ([f] $\theta = 0°$)	0.477	0.493	0.476	0.491	0.486	0.509	0.052	0.107

TABLE 5.1 – *FD pour les polygones. La lettre entre les crochets se rapporte aux différentes géométries représentées à la Fig. (5.1). La colonne marquée 1 contient des valeurs du premier ordre du FD déterminées en employant l'Eq. 5.4, la colonne marquée 2 contient des valeurs du second ordre du FD en utilisant l'approximation pour l'équation de MG, c-à-d l'Eq. 5.5. La valeur de ϕ_2, ou ϕ_{2co}, pour obtenir le FD est également indiquée. L'orientation spécifique ($\theta = 0°$) indique la direction du champ électrique appliqué (polarisation suivant y).*

nombre de côté de l'inclusion augmente lorsque $\frac{\varepsilon_2}{\varepsilon_1} > 1$. Cette tendance est identique sur toute la gamme du rapport des permittivités "inclusion/matrice" que nous avons considérée. Clairement, cet effet ne peut pas être négligé si l'on considère les propriétés de dépolarisation de ce type d'inclusion [46]. Dans le cas des polygones, A réalise son maximum absolu pour le disque lorsque $\frac{\varepsilon_2}{\varepsilon_1} > 1$, c-à-d. $A \to \frac{1}{2}$ quand $n \to \infty$. Nous avons également observé que le FD est indépendant de θ, où θ dénote l'angle d'orientation de l'inclusion par rapport au champ électrique appliqué ici (polarisé suivant y). Ceci est en accord avec la symétrie d'isotropie des polygones [74]. Comme rappelé précédemment, la comparaison des deux ordres d'approximations, c-à-d. l'Eqs. 5.4 et 5.5, indique qu'aux incertitudes numériques près, les valeurs du FD sont comparables (Tab. 5.1). De façon systématique, il est difficile de décider laquelle de ces deux procédures fournit la meilleure description. Pour renforcer le poids de nos résultats, nous avons indiqué les données de Douglas et de Garboczi [68], correspondant à la limite $\frac{\varepsilon_2}{\varepsilon_1} \to \infty$, qui montrent un très bon accord avec nos valeurs.

L'effet d'anisotropie de forme des inclusions (ellipse et rectangle) pour un champ électrique polarisé suivant les directions x et y a été également étudié. Les valeurs du FD sont rassemblées aux Tabs. 5.2-5.5. À la Fig. 5.4, nous avons représenté les différentes valeurs de A en tenant compte de la polarisation du champ électrique appliqué pour caractériser l'aspect tensoriel du FD des deux types d'inclusions. La variation du FD en fonction du rapport d'aspect $\frac{a}{b}$ a une forme typiquement en S (sigmoïde). À titre de comparaison, nous traçons les composantes du tenseur de FD pour les deux polarisations x et y du champ électrique d'excitation. À la Fig. 5.4, et dans les Tabs. 5.2-5.5, nous vérifions également que $tr\left(\overleftrightarrow{A}\right) = 1$.

À la Fig. 5.4, nous notons que les valeurs du FD correspondant au rectangle sont légèrement plus faibles que celles correspondant à l'ellipse. On note que l'effet de l'orientation de l'ellipse et du rectangle par rapport à la direction du champ électrique appliqué, est pratiquement identique pour les deux types d'inclusions (Tabs. 5.6 et 5.7). Ceci est illustré également à la Fig. 5.5, où nous avons constaté que la dépendance angulaire du FD est bien représenté par une loi en $\sin(\theta)$. Nous avons également constaté que les variations angulaires du FD de la Fig. 5.5, fournissent des informations

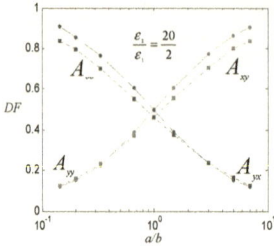

Fig. 5.4 – *Dépendance des différentes composantes du FD tensoriel en fonction du rapport a/b pour l'ellipse (●) et le rectangle (■). $\frac{\varepsilon_2}{\varepsilon_1} = \frac{20}{2}$. Les lignes sont des guides pour l'œil.*

	Ellipse							
	([h] $\theta = 0^{\circ}$)							
	$A\left(\frac{\varepsilon_2}{\varepsilon_1} = \frac{20}{2}\right)$		$A\left(\frac{\varepsilon_2}{\varepsilon_1} = \frac{1}{100}\right)$		$A\left(\varepsilon_2 = 20 - j100, \varepsilon_1 = 2 - j0\right)$			
					ε'		ε''	
Approximation	1	2	1	2	1	2	1	2
$a/b = 7$	0.859	0.901	0.863	0.881	0.864	0.901	0.864	0.900
$a/b = 5$	0.817	0.864	0.817	0.854	0.820	0.867	0.817	0.861
$a/b = 3$	0.732	0.772	0.732	0.773	0.732	0.772	0.732	0.770
$a/b = 3/2$	0.582	0.607	0.582	0.609	0.582	0.606	0.582	0.604
$a/b = 1$ (disque)	0.482	0.497	0.482	0.503	0.482	0.499	0.482	0.496
$a/b = 2/3$	0.381	0.389	0.381	0.393	0.381	0.388	0.381	0.387
$a/b = 1/3$	0.230	0.221	0.230	0.224	0.230	0.233	0.230	0.232
$a/b = 1/5$	0.155	0.152	0.147	0.138	0.155	0.153	0.157	0.160
$a/b = 1/7$	0.120	0.120	0.120	0.120	0.120	0.120	0.120	0.120

TABLE 5.2 – *FD pour l'ellipse. Le champ électrique est polarisé suivant y.*

sur le problème du disque équivalent (2D) pour les inclusions de forme anisotrope. Par exemple, si on prend $\frac{\varepsilon_2}{\varepsilon_1} = \frac{20}{2}$ et $\frac{a}{b} = \frac{1}{3}$, à un angle de rotation égal à 60° ou 120° par rapport à l'axe parallèle au champ électrique appliqué, les valeurs du FD de l'ellipse et du rectangle sont égales à la valeur du FD du disque.

Pour généraliser cette approche avec des formes plus complexes, nous avons entrepris d'autres calculs sur des inclusions de type fractal. Ceci est illustré dans les Tabs. 5.8 et 5.9, pour le triangle et le carré de Sierpinski, respectivement. La question fondamentale qui se pose en ce qui concerne les hétérostructures contenant une inclusion fractale [57] est de savoir s'il existe une dépendance du FD avec le nombre d'itérations. Les Figs. 5.6 et 5.7, permettent d'apporter une réponse argumentée à cette question et prouvent l'existence d'une dépendance sensible du FD avec le nombre d'itérations. Ces résultats suggèrent que pour un nombre d'itérations suffisamment grand, les FDs convergent soit vers 0 ou 1.

5.3.2 Effet de variation du contraste de la permittivité

Pour analyser plus en détail les caractéristiques du FD, des simulations avec différentes valeurs du contraste de permittivité entre l'inclusion et la matrice ont été réalisées ; les autres paramètres restant inchangés. Le Tab. 5.1, résume les résultats numériques pour les polygones. En examinant les données du Tab. 5.1, et ceux de la Fig. 5.3, nous observons que le minimum (resp. le maximum) du FD correspondant au cas de disque est réalisé quand $\frac{\varepsilon_2}{\varepsilon_1} < 1$ (resp. $\frac{\varepsilon_2}{\varepsilon_1} > 1$). Cependant, les variations des valeurs de A sont décroissantes (resp. croissantes) en fonction du nombre de côtés d'inclusions n quand $\frac{\varepsilon_2}{\varepsilon_1} < 1$ (resp. $\frac{\varepsilon_2}{\varepsilon_1} > 1$). Pour des valeurs importantes de n, $A \to 1/2$. Cette asymétrie peut être interprétée par la relation de dualité de la permittivité (changement de phase) [7, 54, 57, 64], c-à-d. $\varepsilon(\varepsilon_1, \varepsilon_2)\,\varepsilon(\varepsilon_2, \varepsilon_1) = \varepsilon_1\varepsilon_2$, pour laquelle on

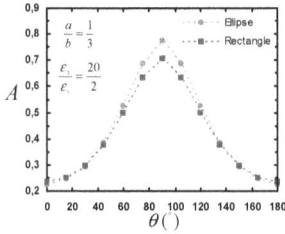

Fig. 5.5 – *Dépendance des différentes composantes du facteur de dépolarisation tensoriel en fonction de l'angle de rotation* $\theta(^{\circ})$ *pour l'ellipse* (•) *et le rectangle* (■). *Le champ est polarisé suivant l'axe* y. $\frac{\varepsilon_2}{\varepsilon_1} = \frac{20}{2}$. *Les lignes sont des guides pour l'œil.*

	Ellipse							
	([h] $\theta = 0^{\circ}$)							
	$A\left(\frac{\varepsilon_2}{\varepsilon_1} = \frac{20}{2}\right)$		$A\left(\frac{\varepsilon_2}{\varepsilon_1} = \frac{1}{100}\right)$		$A\left(\varepsilon_2 = 20 - j100, \varepsilon_1 = 2 - j0\right)$			
					ε'		ε''	
Approximation	1	2	1	2	1	2	1	2
$a/b = 7$	0.118	0.119	0.117	0.111	0.119	0.120	0.119	0.120
$a/b = 5$	0.155	0.152	0.147	0.143	0.153	0.158	0.158	0.158
$a/b = 3$	0.231	0.235	0.231	0.236	0.235	0.240	0.238	0.238
$a/b = 3/2$	0.382	0.389	0.382	0.393	0.382	0.382	0.384	0.390
$a/b = 1$ (disque)	0.482	0.497	0.481	0.503	0.482	0.499	0.482	0.496
$a/b = 2/3$	0.582	0.605	0.584	0.608	0.583	0.605	0.583	0.604
$a/b = 1/3$	0.733	0.762	0.733	0.764	0.738	0.760	0.738	0.759
$a/b = 1/5$	0.818	0.855	0.823	0.844	0.818	0.855	0.818	0.857
$a/b = 1/7$	0.859	0.908	0.866	0.886	0.860	0.905	0.861	0.903

TABLE 5.3 – *FD pour l'ellipse. Le champ électrique est polarisé suivant* x.

permute $A \longleftrightarrow 1 - A$ quand $\varepsilon_1 \longleftrightarrow \varepsilon_2$. Cet effet devient plus prononcé avec l'augmentation du contraste de permittivité entre l'inclusion et la matrice. Nous attribuons cette différence à la variation du champ électrique local.

Les résultats pour l'ellipse et le rectangle sont donnés pour $\varepsilon_2/\varepsilon_1 \gg 1$ et $\varepsilon_2/\varepsilon_1 \ll 1$ en fonction du rapport a/b dans les Tabs. 5.2 et 5.3. On constate que dans la direction parallèle au champ électrique appliqué, les valeurs du FD sont très proches pour les deux rapports de la permittivité effective, c-à-d. ($\frac{\varepsilon_2}{\varepsilon_1} = \frac{20}{2}$ et $\frac{\varepsilon_2}{\varepsilon_1} = \frac{1}{100}$). Il est intéressant de noter que $A(\varepsilon_2/\varepsilon_1 < 1)$ est toujours plus grand que $A(\varepsilon_2/\varepsilon_1 > 1)$ pour une valeur donnée du rapport a/b. La loi en $\sin(\theta)$ est confirmée par un tracé similaire (non montré) pour des données correspondant au cas $\varepsilon_2/\varepsilon_1 < 1$.

Les résultats représentés aux Figs 5.6 et 5.7, et les valeurs des Tabs. 5.8 et 5.9, suggèrent deux tendances différentes et opposées pour ce type d'inclusion. Comme nous l'avons remarqué précédemment, ce comportement prend son origine dans la symétrie de dualité. Pour les grands nombres d'itérations, on constate que $A(\varepsilon_2/\varepsilon_1 \ll 1 \to 1)$ et $A(\varepsilon_2/\varepsilon_1 \gg 1 \to 0)$.

5.4 Influence des pertes diélectriques

Jusqu'ici, nous n'avons considéré dans nos calculs que des matériaux sans perte d'absorption. Nous prenons en compte maintenant l'influence d'une permittivité effective complexe sur les valeurs de A. En considérant le cas des polygones, nous observons deux tendances spécifiques. Premièrement, nous pouvons voir au Tab. 5.10, que les valeurs de A sont identiques à celles des polygones dans le cas sans perte. Après un examen plus approfondi de la similitude entre le FD pour les polygones avec et sans perte, nous trouvons une bonne corrélation avec le nombre de côtés comme

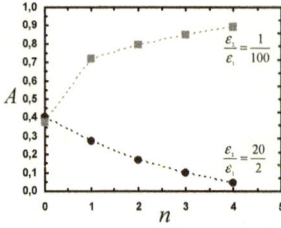

Fig. 5.6 – *Dépendance de A pour le triangle de Sierpinski. Les lignes sont des guides pour l'œil.*

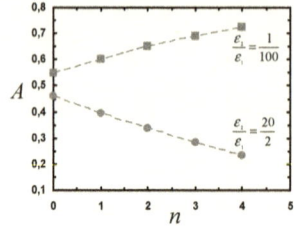

Fig. 5.7 – *Dépendance de A pour le carré de Sierpinski. Les lignes sont des guides pour l'œil.*

	Rectangle $([i]\ \theta = 0^\circ)$							
	$A\left(\frac{\varepsilon_2}{\varepsilon_1} = \frac{20}{2}\right)$		$A\left(\frac{\varepsilon_2}{\varepsilon_1} = \frac{1}{100}\right)$		$A\left(\varepsilon_2 = 20 - j100, \varepsilon_1 = 2 - j0\right)$			
					ε'		ε''	
Approximation	1	2	1	2	1	2	1	2
$a/b = 7$	0.802	0.837	0.860	0.872	0.794	0.834	0.756	0.785
$a/b = 5$	0.755	0.798	0.811	0.840	0.745	0.788	0.705	0.735
$a/b = 3$	0.670	0.705	0.737	0.762	0.665	0.695	0.620	0.650
$a/b = 3/2$	0.534	0.554	0.609	0.637	0.532	0.542	0.500	0.512
$a/b = 1$ (carré)	0.447	0.460	0.523	0.549	0.438	0.451	0.418	0.430
$a/b = 2/3$	0.362	0.370	0.440	0.453	0.368	0.364	0.350	0.353
$a/b = 1/3$	0.237	0.233	0.304	0.306	0.237	0.238	0.230	0.231
$a/b = 1/5$	0.163	0.162	0.217	0.221	0.162	0.158	0.158	0.158
$a/b = 1/7$	0.127	0.125	0.172	0.170	0.127	0.127	0.124	0.124

TABLE 5.4 – *FD pour le rectangle. Le champ électrique est polarisé suivant y.*

	Rectangle $([i]\ \theta = 0^\circ)$							
	$A\left(\frac{\varepsilon_2}{\varepsilon_1} = \frac{20}{2}\right)$		$A\left(\frac{\varepsilon_2}{\varepsilon_1} = \frac{1}{100}\right)$		$A\left(\varepsilon_2 = 20 - j100, \varepsilon_1 = 2 - j0\right)$			
					ε'		ε''	
Approximation	1	2	1	2	1	2	1	2
$a/b = 7$	0.124	0.124	0.166	0.165	0.127	0.128	0.124	0.125
$a/b = 5$	0.165	0.163	0.226	0.226	0.164	0.162	0.162	0.162
$a/b = 3$	0.235	0.235	0.303	0.307	0.238	0.238	0.231	0.231
$a/b = 3/2$	0.371	0.374	0.446	0.453	0.364	0.366	0.350	0.351
$a/b = 1$ (carré)	0.447	0.460	0.523	0.549	0.438	0.451	0.418	0.430
$a/b = 2/3$	0.533	0.553	0.615	0.632	0.532	0.543	0.500	0.512
$a/b = 1/3$	0.672	0.699	0.744	0.762	0.662	0.688	0.621	0.647
$a/b = 1/5$	0.755	0.797	0.832	0.820	0.746	0.778	0.705	0.733
$a/b = 1/7$	0.803	0.837	0.859	0.871	0.794	0.830	0.755	0.785

TABLE 5.5 – *FD pour le rectangle. Le champ électrique est polarisé suivant x.*

le montre la Fig. 5.2. Deuxièmement, la même valeur de A peut être obtenue à partir soit, de la partie réelle, soit, de la partie imaginaire de la permittivité effective pour les deux ensembles $(\varepsilon_1, \varepsilon_2)$ des valeurs étudiées au Tab. 5.10. Pour comparaison, les valeurs du FD associé au rectangle et à l'ellipse sont également données aux Tabs. 5.2-5.7. Comme nous pouvons le voir dans ces tableaux, le FD déterminé à partir de la partie réelle de la permittivité effective est en général plus proche de la valeur du FD déterminée pour des inclusions sans perte. Un effet similaire à celui décrit ci-dessus est observé pour des inclusions de type fractal avec perte, cependant avec des différences beaucoup plus significatives en

	Ellipse ([h]a/b=1/3)							
	$A\left(\frac{\varepsilon_2}{\varepsilon_1}=\frac{20}{2}\right)$		$A\left(\frac{\varepsilon_2}{\varepsilon_1}=\frac{1}{100}\right)$		$A\left(\varepsilon_2=20-j100, \varepsilon_1=2-j0\right)$			
					$\varepsilon^{'}$		$\varepsilon^{''}$	
Approximation	1	2	1	2	1	2	1	2
0°	0.230	0.221	0.230	0.224	0.230	0.233	0.230	0.232
15°	0.246	0.246	0.315	0.317	0.252	0.250	0.251	0.251
30°	0.292	0.292	0.472	0.485	0.288	0.291	0.277	0.277
45°	0.377	0.384	0.600	0.626	0.368	0.370	0.328	0.329
60°	0.508	0.523	0.679	0.708	0.493	0.498	0.425	0.427
75°	0.658	0.686	0.725	0.748	0.655	0.664	0.598	0.603
90°	0.732	0.772	0.732	0.773	0.732	0.772	0.732	0.770
105°	0.658	0.686	0.725	0.748	0.655	0.664	0.598	0.603
120°	0.508	0.523	0.679	0.708	0.493	0.498	0.425	0.427
135°	0.377	0.384	0.679	0.708	0.368	0.370	0.328	0.329
150°	0.292	0.292	0.472	0.485	0.288	0.291	0.277	0.277
165°	0.246	0.246	0.472	0.485	0.252	0.250	0.251	0.251
180°	0.230	0.221	0.230	0.224	0.230	0.233	0.230	0.232

TABLE 5.6 – *FD pour l'ellipse. Le champ électrique est polarisé suivant y avec $a/b = 1/3$.*

	Rectangle ([h]a/b=1/3)							
	$A\left(\frac{\varepsilon_2}{\varepsilon_1}=\frac{20}{2}\right)$		$A\left(\frac{\varepsilon_2}{\varepsilon_1}=\frac{1}{100}\right)$		$A\left(\varepsilon_2=20-j100, \varepsilon_1=2-j0\right)$			
					$\varepsilon^{'}$		$\varepsilon^{''}$	
Approximation	1	2	1	2	1	2	1	2
0°	0.237	0.233	0.304	0.306	0.237	0.238	0.230	0.232
15°	0.250	0.251	0.371	0.378	0.247	0.247	0.240	0.241
30°	0.293	0.296	0.504	0.517	0.285	0.288	0.263	0.265
45°	0.371	0.377	0.616	0.637	0.357	0.353	0.309	0.312
60°	0.486	0.498	0.687	0.720	0.462	0.468	0.392	0.396
75°	0.658	0.686	0.725	0.748	0.655	0.664	0.598	0.603
90°	0.670	0.705	0.737	0.765	0.665	0.695	0.619	0.649
105°	0.612	0.632	0.725	0.752	0.597	0.606	0.526	0.534
120°	0.486	0.499	0.687	0.712	0.463	0.469	0.392	0.399
135°	0.371	0.377	0.616	0.637	0.357	0.353	0.309	0.312
150°	0.293	0.296	0.504	0.517	0.285	0.288	0.262	0.265
165°	0.250	0.251	0.371	0.378	0.246	0.247	0.240	0.241
180°	0.237	0.233	0.304	0.306	0.237	0.239	0.230	0.231

TABLE 5.7 – *FD pour le rectangle. Le champ électrique est polarisé suivant y avec $a/b = 1/3$.*

	Triangle de Sierpinski							
	$A\left(\frac{\varepsilon_2}{\varepsilon_1}=\frac{20}{2}\right)$		$A\left(\frac{\varepsilon_2}{\varepsilon_1}=\frac{1}{100}\right)$		$A\left(\varepsilon_2=20-j100, \varepsilon_1=2-j0\right)$			
	Approximation		Approximation		Approximation		Approximation	
n	1	2	1	2	1	2	1	2
0	0.392	0.401	0.590	0.626	0.370	0.376	0.325	0.330
1	0.268	0.269	0.695	0.718	0.279	0.284	0.288	0.289
2	0.173	0.171	0.774	0.793	0.209	0.211	0.249	0.250
3	0.099	0.099	0.833	0.848	0.155	0.154	0.215	0.215
4	0.044	0.043	0.876	0.892	0.113	0.112	0.185	0.185

TABLE 5.8 – *FD pour le triangle de Sierpinski. Le champ électrique est polarisé suivant y, n est le nombre d'itérations.*

comparaison du cas sans perte, comme on peut le constater sur les Tabs. 5.8 et 5.9.

	Carré de Sierpinski							
	$A\left(\frac{\varepsilon_2}{\varepsilon_1} = \frac{20}{2}\right)$		$A\left(\frac{\varepsilon_2}{\varepsilon_1} = \frac{1}{100}\right)$		$A\left(\varepsilon_2 = 20 - j100, \varepsilon_1 = 2 - j0\right)$			
	Approximation		Approximation		Approximation		Approximation	
n	1	2	1	2	1	2	1	2
0	0.447	0.461	0.523	0.549	0.439	0.452	0.418	0.430
1	0.393	0.396	0.580	0.603	0.393	0.401	0.402	0.406
2	0.337	0.337	0.628	0.651	0.346	0.352	0.376	0.381
3	0.283	0.285	0.667	0.691	0.309	0.310	0.355	0.357
4	0.235	0.235	0.711	0.725	0.270	0.274	0.336	0.337

TABLE 5.9 – *FD pour le carré de Sierpinski. Le champ électrique est polarisé suivant y, n est le nombre d'itérations.*

	Inclusion							
	$A\left(\varepsilon_2 = 2 - j100, \varepsilon_1 = 2 - j0\right)$				$A\left(\varepsilon_2 = 20 - j100, \varepsilon_1 = 2 - j0\right)$			
	ε'		ε''		ε'		ε''	
Approximation	1	2	1	2	1	2	1	2
Disque ([a] $\theta = 0°$)	0.482	0.497	0.482	0.496	0.482	0.499	0.482	0.496
Triangle équilatéral ([b] $\theta = 0°$)	0.369	0.375	0.324	0.329	0.370	0.376	0.325	0.330
Carrée ([c] $\theta = 0°$)	0.438	0.451	0.418	0.429	0.439	0.452	0.418	0.430
Pentagone régulier ([d] $\theta = 0°$)	0.460	0.473	0.449	0.461	0.463	0.477	0.460	0.472
Hexagone régulier ([e] $\theta = 0°$)	0.469	0.484	0.463	0.476	0.473	0.488	0.463	0.477
Octogone régulier ([f] $\theta = 0°$)	0.476	0.491	0.473	0.487	0.476	0.491	0.473	0.487

TABLE 5.10 – *FD pour des polygones avec perte. ε' et ε'' représentent les parties réelle et imaginaire de la permittivité effective, respectivement.*

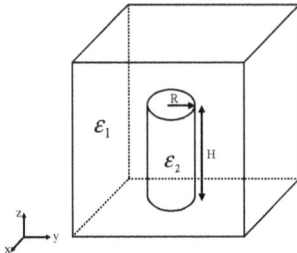

Fig. 5.8 – *Cylindre d'extension finie, H et R étant la hauteur et le rayon du cylindre, respectivement.*

	Cylindre de hauteur finie	
	$A\left(\frac{\varepsilon_2}{\varepsilon_1} = \frac{20}{2}\right)$	
	Approximation	
H/R	1	2
1/10	0.840	0.855
1/5	0.701	0.713
1/2	0.512	0.526
1	0.407	0.451
2	0.198	0.202
5	0.097	0.099
10	0.053	0.051

TABLE 5.11 – *FD le long de l'axe z en fonction du rapport d'aspect H/R. Le contraste de permittivité est $\frac{\varepsilon_2}{\varepsilon_1} = \frac{20}{2}$.*

5.5 Facteur de dépolarisation pour un cylindre de hauteur finie

Comme il a été mentionné précédemment, les formes d'inclusion étudiées peuvent être considérées comme des coupes transversales d'objets infinis 3D. Par exemple, le disque représente une coupe d'un cylindre à base circulaire infiniment long selon l'axe longitudinal z, pour lequel on suppose que les variations des grandeurs physiques seront limitées au plan (x, y). Pour évaluer l'influence de la dimension finie et comparer avec le cas 3D infini ($\equiv$2D), le facteur de dépolarisation d'un cylindre circulaire (Fig. 5.8), de hauteur finie a été calculé. La méthode de calcul qui a été utilisée pour la caractérisation diélectrique de ce système est similaire à celle développée au deuxième chapitre, avec des conditions aux limites appropriées. Le point d'intérêt ici est de considérer la dépendance du FD le long de l'axe z en fonction du rapport d'aspect du cylindre $\frac{H}{R}$, où H et R sont la hauteur et le rayon du cylindre, respectivement. Des résultats typiques sont donnés au Tab. 5.11. La tendance générale des valeurs du Tab. 5.11, est que la valeur de A diminue avec le rapport $\frac{H}{R}$ du cylindre. Il est intéressant de considérer le comportement asymptotique du FD pour des cylindres très aplatis $\frac{H}{R} \to 0$, ou très longs $\frac{H}{R} \to \infty$, en comparant avec la valeur $\frac{1}{2}$ correspondant au cylindre infini (inclusion discoïdale). Le FD d'un disque d'épaisseur négligeable tend vers zéro. En effet, la composante selon z du tenseur du FD pour un disque d'épaisseur négligeable est égale à 1 (dépolarisation totale), par contre pour les composantes selon x et y, elle devient négligeable. Au contraire, pour un cylindre infini, la composante selon z du FD est égale à zéro, de sorte que les composantes x et y du FD sont égales à $\frac{1}{2}$ par symétrie. Nous avons trouvé que les calculs du DF dans la direction de l'axe principal de l'inclusion pour des rapports $\frac{H}{R}$ importants, c-à-d. ($\frac{H}{R}$) $\to \infty$ sont en accord avec les résultats de référence [70], prévoyant "une courbe universelle" proportionnelle à $\left(\frac{R}{H}\right)^2 \ln\left(\frac{H}{R}\right)$. Ils sont également en accord avec les observations rapportées pour les facteurs de désaimantation pour des cylindres (voir la Fig. 7, de la référence [75]) et les propriétés électromagnétiques effectives des composites contenant des inclusions conductrice de forme allongée [76].

5.6 Discussion

L'analyse des résultats présentés ci-dessus montre comment la présence d'une inclusion de forme arbitraire dans une structure biphasée peut induire des changements du FD, qui traduisent à leur tour des changements des propriétés diélectriques du matériau composite. Ces données sont en accord avec les données numériques de la littérature, notamment celles de Douglas et de Garboczi [68], qui ne concernent que des inclusions possédant une forme géométrique "simple". Notre méthode permet d'aller au delà de cette "simplicité" et de pouvoir évaluer le FD pour des inclusions de forme arbitrairement complexe. Une question intéressante à résoudre est de savoir quels paramètres physiques déterminent le FD le plus bas (ou le plus grand) pour des types particuliers d'inclusions inscrites dans un disque de rayon R. Les récentes tentatives d'utilisation de méthodes d'optimisation topologique [80] peuvent apporter une réponse originale à cette question.

Nos résultats sont complètement généraux au sens où ils sont indépendants d'un modèle physique bien défini de la permittivité effective du matériau composite. Les études précédentes sur les inclusions de type fractal ont indiqué l'importance de l'invariance d'échelle sur leurs propriétés diélectriques [39, 40]. Pour la géométrie de type Sierpinski inscrite dans un disque de rayon R, le périmètre devient infiniment grand quand le nombre d'itérations de la structure

$\longrightarrow \infty$, alors que la surface $\longrightarrow 0$. Ceci conduit à l'exemple d'un objet diélectrique 2D de forme complexe dont le FD peut être beaucoup plus petit que le FD du disque contenant l'objet.

A la section 5.5, nous avons discuté également le calcul du FD d'une coupe circulaire diélectrique tridimensionnelle d'un cylindre de hauteur finie en fonction du rapport d'aspect H/R. L'objectif de ce calcul était de souligner que d'un point de vue électromagnétique les inclusions que nous avons considérées ne sont pas représentatives "d'inclusions strictement bidimensionnelles" et ne peuvent pas être trivialement étudiées en négligeant la troisième dimension. Par exemple, un "disque" ne peut pas être obtenu à partir d'un cylindre tridimensionnel de hauteur négligeable. Au contraire, les formes étudiées, et représentées à la Fig. 5.1, doivent être considérées en tant que coupes d'objets tridimensionnels infinis.

Finalement, il est intéressant de souligner encore une fois que nos résultats peuvent s'appliquer également à l'évaluation du facteur de démagnétisation pour une inclusion de forme arbitraire. L'analogie entre propriétés diélectriques et magnétiques reste valable dans l'hypothèse quasi-statique. Bien que ce problème ait été étudié pour des objets magnétiques 3D (ellipsoïde), notamment par Stoner [77] et Osborne [78], les prédictions quantitatives pour les inclusions 2D de forme arbitraire sont rares. Cependant, Tandon et collègues [79] ont prouvé qu'il est possible d'évaluer le tenseur de désaimantation d'inclusions quasi-2D.

5.7 Conclusion

Dans les exemples considérés dans ce chapitre, nous avons développé une méthode qui nous permet d'obtenir une évaluation précise du facteur de dépolarisation associé à une forme quelconque d'inclusion diélectrique pour différentes valeurs du contraste de permittivité entre l'inclusion et la matrice. Ces résultats sont d'une importance cruciale pour l'étude des mécanismes de polarisation dans ces structures. D'une part, ces résultats indiquent que le facteur de dépolarisation peut être finement ajusté selon la forme de l'inclusion, le contraste de permittivité, ou encore par l'orientation de l'inclusion par rapport au champ électrique. D'autre part elles permettent également d'apporter un éclairage pertinent sur le problème du "disque équivalent" pour des objets polarisés de forme anisotrope. L'analogie qui existe entre les phénomènes de polarisation et d'aimantation dans l'hypothèse quasi-statique, permet également de proposer une évaluation du facteur de désaimantation par l'analogie électrostatique/magnétostatique.

6

Résonance électrostatique de composites à deux phases

Sommaire

6.1 Résonance électrostatique

De nombreux travaux sont apparus très récemment concernant les propriétés de résonance électrostatique (RE) dans les hétérostructures diélectriques artificielles [81]. Trois raisons principales sous-tendent cet intérêt : (1) ces travaux représentent une nouvelle méthode pour caractériser les propriétés électromagnétiques de nanostructures périodiques [82] ; (2) la RE conduit à des champs électriques forts et localisés ; (3) l'étude de la RE [83] a suscité beaucoup d'attention du fait d'un grand nombre d'applications possibles (imagerie, optique à indice de réfraction négatif, etc). La caractérisation de la RE a été traitée par plusieurs études théoriques récentes. Parmi les travaux les plus relevants de notre étude [83], nous pouvons citer ceux de Fredkin et Mayergoyz qui ont étudié la RE en calculant les valeurs propres d'une équation intégrale de frontière. Concernant le point (2), nous notons que l'analyse et l'évaluation du champ local, c-à-d. les fluctuations du champ local, n'ont pas reçu l'attention qu'elles méritent pour la modélisation des matériaux composites diélectriques. La connaissance de la distribution du champ local étant importante dans l'étude de beaucoup de propriétés diélectriques [84, 85], il devient nécessaire de pouvoir disposer d'une méthode d'analyse numérique de cette grandeur. Concernant le point (3), il a été récemment montré [83] que la forme de l'inclusion influe notablement sur les caractéristiques de la RE.

Considérons un système 2D [1], biphasé qui peut être défini comme un domaine borné du plan de surface Ω et de permittivité ε, et ne contenant pas de charges libres. Bien que le cas 3D soit le seul réaliste d'un point de vue électromagnétique, nous pensons que la physique fondamentale du problème peut être traitée dans le cas 2D, et que les effets étudiés ne seront

---

1. D'un point de vue électromagnétique, les structures 2D considérées sont assimilées à des sections droites d'objets 3D infinis dans la direction perpendiculaire à la section plane. Les caractéristiques diélectriques sont donc invariantes selon cette direction. On pourra ainsi considérer qu'un tel composite est décrit par deux valeurs de la permittivité : une permittivité effective parallèle qui s'écrit $\varepsilon_L = \varepsilon_1 \phi_1 + \varepsilon_2 \phi_2$, avec ε_i et ϕ_i représentant les valeurs intrinsèques des permittivités et fractions volumiques des deux constituants, et une permittivité transverse ε que nous cherchons à caractériser.

pas fondamentalement différents du cas 3D. Nous attaquons le problème considéré en calculant le potentiel scalaire V et le champ électrique $\vec{E} = -\vec{\nabla}V$ partout dans le domaine Ω. D'un point de vue physique, la RE est définie comme un état propre du problème du potentiel électrique, c-à-d. tel que l'on peut trouver des solutions non-triviales $V(r)$ de l'équation aux dérivées partielles, $\vec{\nabla}.[\varepsilon(r)\vec{\nabla}V(r)] = 0$ qui s'annule sur la surface du composite, où $\varepsilon(r)$ et $V(r)$ sont la permittivité et le potentiel local à l'intérieur de Ω, respectivement.

La distinction entre résonances intrinsèque et extrinsèque apparaît naturellement lorsqu'on considère séparément l'effet de la géométrie de l'inclusion et celui de la dépendance fréquentielle de la permittivité, $\varepsilon_2(\omega)$. Pour un assemblage donné d'inclusions, la RE est intrinsèque, c-à-d. indépendante du modèle permettant de rendre compte de la dépendance spectrale de la permittivité, et se distingue de la RE extrinsèque où la dépendance explicite de la fonctionnelle $\varepsilon_2(\omega)$ doit être utilisée pour trouver les modes de résonance. La plupart des études récentes sur les propriétés de la RE se sont concentrées sur la caractérisation (extrinsèque) de la RE avec différents types de dépendance fonctionnelle de $\varepsilon_2(\omega)$, par exemple en considérant une permittivité plasma avec $\varepsilon_2(\omega) = 1 - \omega_p^2/\omega^2$ [3-4], ou de type polaritonique donnée par :

$$\varepsilon_2(\omega) = \varepsilon_\infty \frac{\left(\omega^2 - \omega_{LO}^2\right)}{\left(\omega^2 - \omega_{TO}^2\right)} \tag{6.1}$$

avec $\varepsilon_2 < 0$ pour $\omega_{TO} < \omega < \omega_{LO}$.

Notre étude est sous-tendue par deux points particuliers. Le premier se rapporte à la suggestion [64, 86] de Bergman et Milton (BM) qui ont proposé grâce à un formalisme modal de faire la distinction entre les effets dus aux propriétés diélectriques des matériaux constitutifs de ceux liés à la géométrie de la structure composite. BM avancent le fait que les propriétés effectives sont calculables par l'intégrale d'une fonction qui ne dépend que de la géométrie du composite et donc indépendante des propriétés spécifiques des inclusions du matériau. Cette fonction fournit aussi une solution pour n'importe quel type d'inclusion ayant la même géométrie, mais avec des caractéristiques diélectriques différentes. Cependant, il est à noter que cette méthode ne conduit à des solutions satisfaisantes uniquement avec des géométries simples [64, 86, 87]. Dans cette analyse, la permittivité effective peut s'écrire :

$$\frac{\varepsilon}{\varepsilon_1} = 1 - \phi_2 \sum_n \frac{F_n}{s - s_n} \tag{6.2}$$

où s représente la variable complexe $s = \left(1 - \frac{\varepsilon}{\varepsilon_1}\right)^{-1}$, la séquence $\{s_n; n = 1, 2, 3, ...\}$ représente la séquence des modes propres du problème, et les F_n sont des fonctions correspondants au modes normaux, telles que $\sum_n = 1$. Pour un tel milieu composite, il existe un ensemble infini de RE caractérisées par des valeurs négatives de $\varepsilon_2/\varepsilon_1$, c-à-d. par des valeurs de la variable s qui appartiennent au segment semi-fermé $[0,1)$. Cependant, pour des formes irrégulières d'inclusion, le calcul des valeurs propres avec une bonne résolution devient un problème complexe. En raison de sa simplicité et de sa robustesse pour les géométries complexes 2D et 3D, la méthode FE semble être bien adaptée à ce type de calculs numériques et doit pouvoir apporter des informations nouvelles sur les caractéristiques des états résonants. En effet, dans la majorité des travaux effectués jusqu'ici, beaucoup de questions fondamentales demeurent sans réponse notamment celle de la sensibilité de la RE aux paramètres morphologiques, reflétant ainsi la façon dont les champs locaux s'établissent.

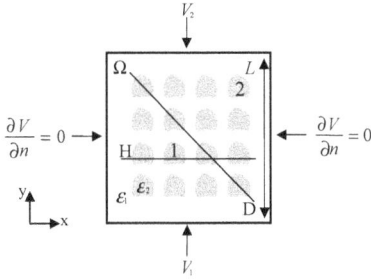

Fig. 6.1 – *Schéma de la cellule unité du composite typique (2D). Nous fixons $V_1 = 0V$ et $V_2 = 1V$ et faisons usage des conditions aux limites $\frac{\partial V}{\partial n} = 0$ sur les deux autres faces. Les valeurs de L et S ont été prises égales à leur unité dimensionnelle respective. Les nombres 1 et 2, (resp. les lettres H et D) montrent les positions des lacunes ponctuelles et défauts linéiques (resp. le vide placé sur les lignes horizontales et diagonales) que nous considérons à la section 6.4.*

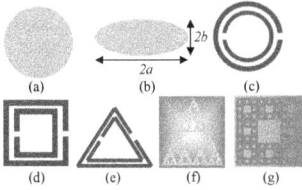

Fig. 6.2 – *Inclusions considérées : (a) disque (D), (b) ellipse (E), (c) double-anneau coupé (SR), (d) double-carré coupé (SS), (e) double-triangle coupé, (f) triangle de Sierpinski, et (g) carré de Sierpinski.*

L'objectif de ce chapitre est de présenter une étude détaillée des caractéristiques de la RE intrinsèque d'hétérostructures 2D biphasées constituées de structures diélectriques artificielles. Puisque la complexité des interactions entre les différents constituants d'un environnement hétérogène aléatoire n'est pas facile à traiter avec une description analytique ou même numérique, nous considérerons ici une inclusion isolée, ou bien un réseau périodique d'inclusions. Trois points particuliers sont abordés : (1) grâce à une série systématique de simulations pour différents arrangements spatiaux d'inclusions, nous étudions comment la morphologie de la structure composite influence la RE ; (2) l'effet des pertes diélectriques sur la RE est évalué dans les mêmes géométries que dans le point (1) ; et (3) nous étudions l'effet de la localisation de défaut d'arrangement dans la structure sur les caractéristiques de la RE.

6.2 Effet de la forme de l'inclusion

Considérons le schéma de la Fig. 6.1, représentant une structure composite 2D où les inclusions sont situées sur un réseau carré 4×4 de permittivité $\varepsilon_2 = \varepsilon_2' - j\varepsilon_2''$, dans une matrice de permittivité $\varepsilon_1 = 1$. Sur cette figure ont été également représentés les différents défauts ponctuels (1 et 2) et linéaires (horizontal (H) et diagonal (D)), dont nous considérerons l'effet sur la RE à la section 6.4. Les différentes inclusions considérées dans notre étude sont représentées à la Fig. 6.2.

Puisque nous nous intéressons aux propriétés génériques de la RE, nous faisons l'hypothèse dans un premier temps pour le calcul de la RE que l'inclusion est sans perte ($\varepsilon_2 = -6$). À la Fig. 6.3 (a), nous montrons la hiérarchie des positions des états résonants caractérisés par des profils asymétriques de ε : D [$\phi_2 \approx 0.65$], SS [$\phi_2 \approx 0.2$], ST [$\phi_2 \approx 0.1$], et SR [$\phi_2 \approx 0.08$]. L'insert de la Fig. 6.3 (a), montre le détail de la résonance correspond au double-anneau. Nous avons également considéré le cas d'un réseau carré 4×4 d'inclusions et évalué la RE pour différentes valeurs de la permittivité pour des inclusions avec pertes. Pour chaque type d'inclusion, nous choisissons uniquement un ou deux exemples de figures associées à la RE correspondant à des ensembles de paramètres sélectionnées pour ne pas alourdir la présentation.

Soit maintenant le cas d'un réseau carré contenant 4×4 inclusions. La Fig. 6.4 (a), compare les caractéristiques de

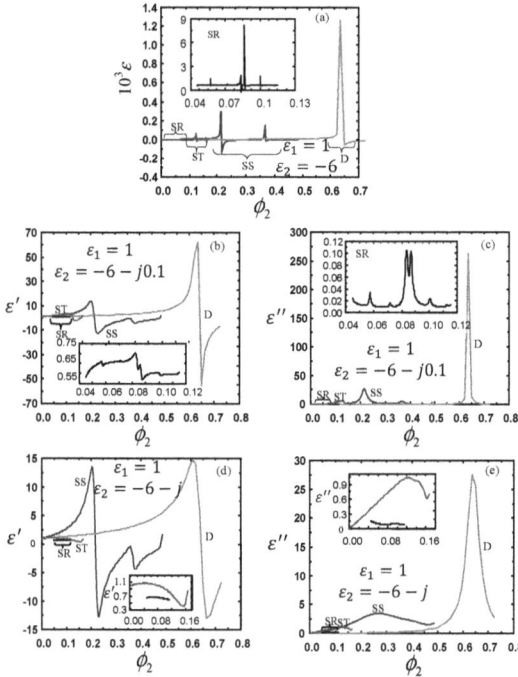

Fig. 6.3 – (a) Dépendance de la permittivité effective ε d'une inclusion isolée sans perte ($\varepsilon_2 = -6$) dans une matrice ($\varepsilon_1 = 1$) en fonction de ϕ_2 ; les doubles inclusions considérées sont : double-anneau (SR), double-triangle (ST), et double-carré (SS). Pour la comparaison, nous avons utilisé le cas d'un disque isolé (D). Tous les résultats sont présentés par rapport à la permittivité effective du vide. L'insert représente un zoom de ε autour de la région $\phi_2 = 0.1$ pour SR.
(b) idem à (a) pour le cas des inclusions avec pertes ($\varepsilon_2 = -6 - j0.1$). Partie réelle de ε.
(c) idem à (a) pour le cas des inclusions avec pertes ($\varepsilon_2 = -6 - j0.1$). Partie imaginaire de ε.
(d) idem à (a) pour le cas des inclusions avec pertes ($\varepsilon_2 = -6 - j$). Partie réelle de ε.
(e) idem à (a) pour le cas des inclusions avec pertes ($\varepsilon_2 = -6 - j$). Partie imaginaire de ε.

la RE pour plusieurs types d'inclusions. Considérons d'abord le cas d'inclusions sans perte en gardant les mêmes valeurs des permittivités intrinsèques des constituants. La principale observation est que le pic de RE est plus étroit que celui mis en évidence pour une inclusion isolée de même forme. Un autre aspect important qui caractérise la RE est la hiérarchie des valeurs de ϕ_2 associées à la position des REs qui est identique au cas de l'inclusion sans perte. De plus, nous observons que la RE pour le réseau des double-anneaux coupés (SRA) est six fois plus faible que celle correspondant au réseau de disques (DA). Les doubles pics observés pour les inclusions doubles sont liés aux deux parties des inclusions. Des simulations auxiliaires (figures non montrées) indiquent que le pic associée à la RE est décalé quand ε_2 change de valeur. Par exemple, pour $\varepsilon_2 = -7$, nous avons constaté que la RE se produit à $\phi_2 = 0.318$ pour le réseau des doubles-carré coupés (SSA).

Jusqu'à présent, nous n'avons considéré que le cas d'inclusions isotropes. La relation entre les propriétés de la RE et la morphologie de la structure composite peut être détaillée en considérant le cas d'une inclusion allongée avec différents rapports d'aspect a/b. Ces résultats sont illustrés à la Fig. 6.5 (a), pour le cas d'un réseau d'inclusions elliptiques sans perte ($\varepsilon_2 = -6$). Nous avons effectué ces calculs de la même manière que précédemment, en prenant en considération deux polarisations du champ électrique le long des directions x et y. Nous observons que la RE correspond à une valeur beaucoup plus faible ($\phi_2 \approx 0.04$) que celle de l'inclusion discoïdale considérée précédemment.

On notera que cette valeur correspond à deux valeurs du rapport d'aspect et deux polarisations de champ différentes : rapport d'aspect $\frac{a}{b} = \frac{1}{5}$ et polarisation du champ électrique le long de l'axe y, et rapport d'aspect $\frac{a}{b} = \frac{5}{1}$ et polarisation du

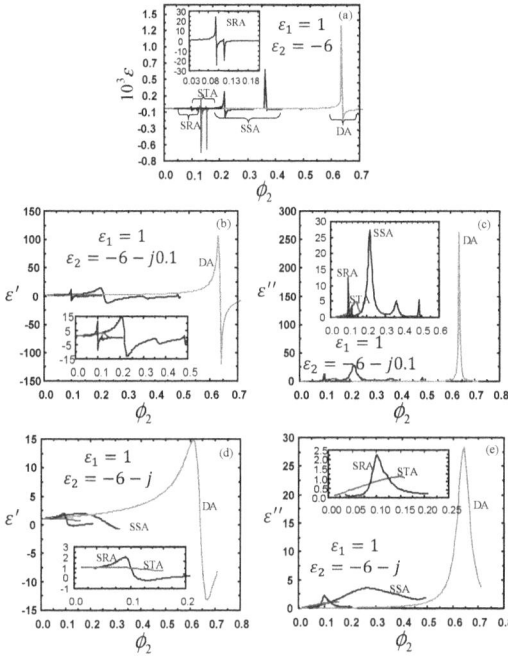

Fig. 6.4 – idem à la Fig. 6.3 (a) pour un réseau carré 4×4 d'inclusions sans pertes. Les inclusions considérées sont : double-anneau (SRA), triangle-double (STA), et double-carré (SSA). Pour la comparaison, nous avons utilisé le cas d'un disque isolé (DA). L'insert représente un zoom de ε autour d'une gamme sélectionnée de ϕ_2 pour SRA, SSA, et STA. (b) idem à (a) pour le cas des inclusions avec pertes ($\varepsilon_2 = -6 - j0.1$). Partie réelle de ε. (c) idem à (a) pour le cas des inclusions avec pertes ($\varepsilon_2 = -6 - j0.1$). Partie imaginaire de ε. (d) idem à (a) pour le cas des inclusions avec pertes ($\varepsilon_2 = -6 - j$). Partie réelle de ε. (e) idem à (a) pour le cas des inclusions avec pertes ($\varepsilon_2 = -6 - j$). Partie imaginaire de ε.

champ électrique le long de l'axe x. En revanche, dans la gamme de concentration surfacique $\phi_2 < 0.1$, quand le rapport d'aspect vaut $\frac{a}{b} = \frac{1}{5}$ avec la polarisation du champ électrique suivant l'axe x, et quand le rapport d'aspect vaut $\frac{a}{b} = \frac{5}{1}$ avec la polarisation du champ électrique suivant l'axe y, aucune RE n'est détectée. Ces observations sont cohérentes avec les prévisions basées sur l'utilisation de la symétrie de dualité [35, 54, 64, 88, 89]. L'état de polarisation du champ électrique permet aussi de "jouer" sur les caractéristiques de la RE. Les Figs. 6.6 (a) et 6.7 (a), montrent les résultats de ε pour un réseau 4×4 contenant des inclusions de type carré et triangle de Sierpinski, respectivement. L'examen de ces figures, montre un décalage à gauche de la position de la RE lorsque le nombre d'itérations augmente. Ces figures permettent d'illustrer également comment la RE dépend de la porosité interne de la structure.

Pour tester la transformation de similarité, nous avons retracé les données de la permittivité en fonction de $\tilde{p}\sqrt{\phi_2}$ pour plusieurs itérations des structures fractales (insert Figs. 6.6 (a) et 6.7 (a)). Les données dans les inserts des Figs. 6.6 (a) et 6.7 (a), indiquent que l'usage de la transformation de similarité conduit à un bon accord avec les résultats numériques au moins pour les trois premières itérations. À la RE, la fraction surfacique la plus élevée, $\phi_2 \approx 0.7$ (resp. $\phi_2 \approx 0.28$), correspond à l'itération zéro pour le carré de Sierpinski (resp. triangle de Sierpinski).

6.3 Effet des pertes diélectriques

Nous examinons maintenant comment les résultats précédents sont modifiés lorsque les pertes d'absorption sont prises en compte. Dans ce qui suit, nous considérons que la partie imaginaire de la permittivité de l'inclusion, $\varepsilon_2''(= 0.1$ ou 1) est plus faible que la partie réelle $\varepsilon_2' = -6$ en valeur absolue. Aux Figs. 6.3 (b)-(e), 6.4 (b)-(e), et 6.5 (b)-(c),

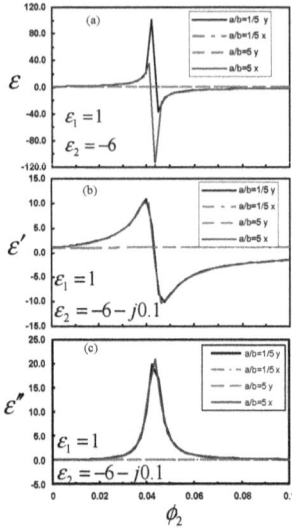

Fig. 6.5 – (a) Dépendance de la permittivité effective d'un réseau carré d'inclusions elliptiques sans perte ($\varepsilon_2 = -6$) dans une matrice ($\varepsilon_1 = 1$) en fonction de ϕ_2 de l'inclusion. Le symbole x (resp. y) signifie que le champ électrique est polarisé le long de la direction x (resp. y).
(b) idem à (a) pour le cas des inclusions avec pertes ($\varepsilon_2 = -6 - j0.1$). Partie réelle de ε.
(c) idem à (a) pour le cas des inclusions avec pertes ($\varepsilon_2 = -6 - j0.1$). Partie imaginaire de ε.

nous considérons un ensemble de courbes montrant la dépendance de ε' et ε'' en fonction de ϕ_2 pour les configurations précédemment étudiées avec deux valeurs de ε_2'' différant d'un ordre de grandeur. A l'aide de ces figures, on constate que la RE est notablement élargie et atténuée lorsque les pertes des inclusions augmentent. Cependant, la RE se positionne à la même valeur de fraction surfacique pour les structures sans perte et avec perte. On notera que même de faibles pertes peuvent avoir un impact fort sur les caractéristiques de la RE. On observe également aux Figs. 6.5 (b)-(c) que les structures des pics résonants sont similaires pour les deux valeurs du rapport d'aspect de l'ellipse et pour les deux polarisations du champ électrique. Les caractéristiques de la RE pour les deux types de structures fractales avec perte sont représentées aux Figs. 6.6 (b)-(e) et 6.7 (b)-(e) et sont identiques à celles observées pour les autres structures considérées avec des pertes. Sur la base de l'argument de similarité précédemment évoqué, nous avons également vérifié (figure non montrée) que ε' et ε'' sont décrites par la même transformation de similarité.

6.4 Effet des défauts

Pour illustrer la complexité structurelle de la relation qui existe entre les propriétés diélectriques et la configuration spatiale des inclusions dans les hétérostructures biphasées qui ont été considérées, nous avons également caractérisé le comportement de la RE quand certains types de désordre spatial sont présents dans une structure en réseau, comme par exemple la présence de défauts ponctuels (lacunes), ou de défauts linéiques.

Dans un premier temps, nous étudions l'effet de l'introduction d'un seul défaut (lacune ponctuelle) dans le réseau d'inclusions pour évaluer comment la RE est affectée par la présence de ce défaut. Pour ce type de défaut, il est intéressant de remarquer que la forme et la largeur globale de la RE sont modifiées selon le choix de l'endroit spécifique (1 ou 2) en référence à la Fig. 6.1, du défaut isolé (ici double-carré), comme le montre la Fig. 6.8 (a). On note que la forme de la RE est sensible à la position du défaut dans la structure. Cependant, la comparaison avec la Fig. 6.4 (a), c-à-d. un réseau de 4×4

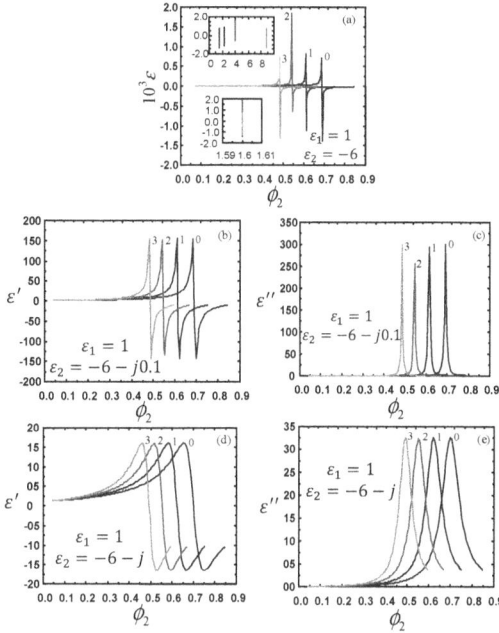

Fig. 6.6 – (a) Dépendance de la permittivité effective d'un réseau carré d'inclusions de type carré de Sierpinski sans perte ($\varepsilon_2 = -6$) dans une matrice ($\varepsilon_1 = 1$) en fonction de la fraction surfacique de l'inclusion ; les nombres indiquent les différentes itérations de l'inclusion fractale. Tous les résultats sont présentés par rapport à la permittivité effective du vide. L'insert du haut montre les mêmes données que dans (a) tracées en fonction de $\tilde{p}\sqrt{\phi_2}$. L'insert du bas montre la transformation de similarité pour les mêmes données.
(b) idem à (a) pour le cas des inclusions avec pertes ($\varepsilon_2 = -6 - j0.1$). Partie réelle de ε.
(c) idem à (a) pour le cas des inclusions avec pertes ($\varepsilon_2 = -6 - j0.1$). Partie imaginaire de ε.
(d) idem à (a) pour le cas des inclusions avec pertes ($\varepsilon_2 = -6 - j$). Partie réelle de ε.
(e) idem à (a) pour le cas des inclusions avec pertes ($\varepsilon_2 = -6 - j$). Partie imaginaire de ε.

parfait, indique que ce désordre n'affecte pas de manière significative la position de la RE. Nous avons également réalisé les mêmes calculs sur des structures avec perte (Figs. 6.8 (c) et (d)), et nous avons abouti à des conclusions similaires.

Dans un deuxième temps, nous considérons des défauts positionnés sur une ligne. Deux exemples sont traités (des défauts équidistants le long de l'axe x (H) et selon la diagonale (D), comme le montre la Fig. 6.1). Nos calculs montrent que le spectre de la RE est fortement influencé par le choix du positionnement des défauts linéaires. La comparaison des Figs. 6.8 (b) et 6.4 (a), montre que la RE est décalée vers les faibles valeurs de ϕ_2, pour le défaut de type D (courbe en pointillés). La Fig. 6.8 (b), montre aussi qu'il y a des différences dans la structure de la RE entre les défauts H (courbe en trait plein) et D (courbe en pointillés). Nous avons observé que les pertes diélectriques induisent également un élargissement du pic de la RE. Aux Fig. 6.8 (e) et (f), nous observons que les changements significatifs des pics de la RE existant entre les deux défauts linéaires de type H et D (Fig. 6.1), sont observables à la fois dans les graphes de ε' et de ε''.

6.5 Champ local

Pour analyser les propriétés de la RE d'hétérostructures, il est également instructif d'observer comment le champ local évolue dans ces configurations spatiales. À la Fig. 6.9, nous comparons les courbes de la norme du champ électrique local $\left|\vec{E}(r)\right|$ à la résonance de plusieurs structures. Par exemple, aux Figs. 6.9 (a) et (b), nous considérons l'état résonant pour un réseau 4×4 avec des inclusions de type SSA ($\phi_2 = 0.217$), aux Figs. 6.9 (c) et (d), nous traçons $\left|\vec{E}(r)\right|$ pour la même configuration avec un défaut diagonal ($\phi_2 = 0.174$), et aux Figs. 6.9 (e) et (f), nous traçons $\left|\vec{E}(r)\right|$ pour un réseau 4×4 avec des inclusions de type carré de Sierpinski ($\phi_2 = 0.484$). L'observation de ces graphes conduit à deux commentaires :

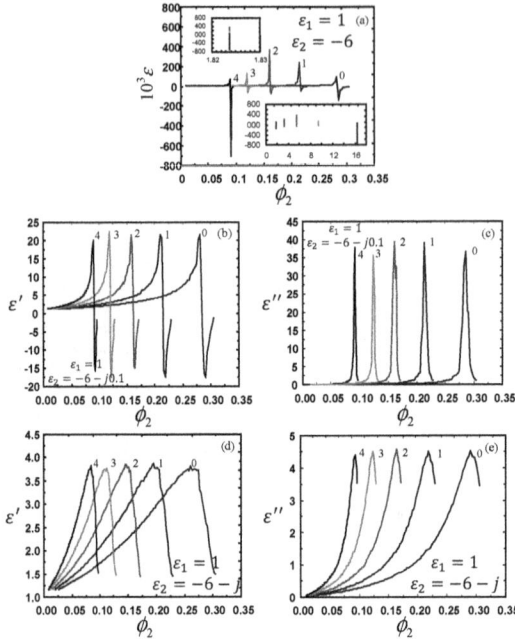

Fig. 6.7 – *idem à la Fig. (6.6) pour le triangle de Sierpinski.*

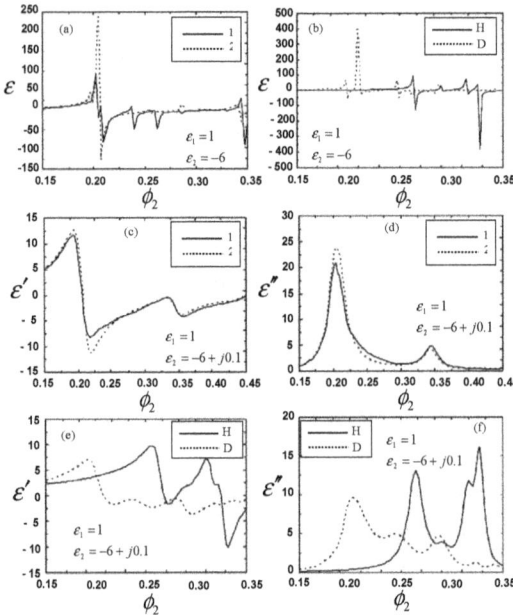

Fig. 6.8 – *(a) Effet des défauts situés dans les positions 1 et 2 sur les caractéristiques de la RE pour un réseau carré d'inclusions de double-carrés (SSA) avec $\varepsilon_2 = -6$ et $\varepsilon_1 = 1$.*

(b) idem à (a) pour des défauts situés sur la ligne diagonale (D) et horizontale (H).

(c) idem à (b) pour le cas des inclusions avec pertes ($\varepsilon_2 = -6 + j0.1$). Partie réelle de ε.

(d) idem à (a) pour le cas des inclusions avec pertes ($\varepsilon_2 = -6 + j0.1$). Partie imaginaire de ε.

(e) idem à (b) pour le cas des inclusions avec pertes ($\varepsilon_2 = -6 + j0.1$). Partie réelle de ε.

(f) idem à (b) pour le cas des inclusions avec pertes ($\varepsilon_2 = -6 + j0.1$). Partie imaginaire de ε.

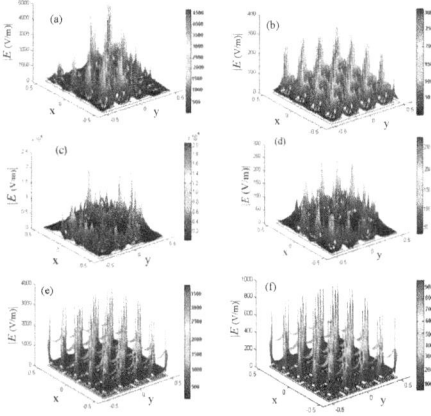

Fig. 6.9 – *(a) Distribution spatiale de la norme du champ électrique en mode de résonance pour une structure composite 2D composée de 4×4 SSA. $\phi_2 = 0.217$, $\varepsilon_2 = -6$ et $\varepsilon_1 = 1$.*
(b) idem à (a) pour $\varepsilon_2 = -6 - j0.1$ et $\varepsilon_1 = 1$.
(c) idem à (a) avec la présence de défauts situés sur la ligne diagonale. $\phi_2 = 0.217$, $\varepsilon_2 = -6$, et $\varepsilon_1 = 1$.
(d) idem à (c) pour $\varepsilon_2 = -6 - j0.1$ et $\varepsilon_1 = 1$.
(e) idem à (a) pour les inclusions de carré de Sierpinski (3ème itération). $\phi_2 = 0.484$, $\varepsilon_2 = -6$, et $\varepsilon_1 = 1$.
(f) idem à (e) pour $\varepsilon_2 = -6 - j0.1$ et $\varepsilon_1 = 1$.

premièrement, à partir de la comparaison des Figs. 6.9 (a), (c) et (e), d'une part, et des Figs. 6.9 (b), (d) et (f), d'autre part, nous concluons que la RE est élargie pour des inclusions avec perte et que la norme du champ électrique tend à diminuer. Deuxièmement, la symétrie d'ordre 4 du réseau est bien visible dans la carte de champ. L'étude de la distribution spatiale du champ électrique, associé à la configuration 4×4 du réseau SSA (Figs. 6.9 (c) et (d)), qui posséde des défauts situés sur la diagonale (Fig. 6.1), présente une augmentation notable du champ électrique, par rapport à la configuration parfaite 4×4 du réseau SSA (Figs. 6.9 (a) et (b)). On peut observer également que les normes du champ électrique pour l'inclusion fractale avec (Fig. 6.9 (f)) et sans (Figs. 6.9 (e)), perte sont pratiquement identiques, contrairement au cas des inclusions doubles comme ceux de type SSA.

6.6 Discussion

Dans ce chapitre, nous avons présenté des calculs détaillés de la RE associée à la permittivité effective pour toute une série de structures sans considérer les mécanismes physiques de relaxation qui pilotent la fonctionnelle $\varepsilon_2(\omega)$. Cette fonction dépend généralement des modes de propagation de l'énergie électromagnétique et n'est pas aisée à déterminer de façon explicite dans le cas général.

L'influence du type et du positionnement de défauts dans une structure ordonnée sur les caractéristiques de la RE est à notre connaissance originale. Elle est utile pour l'ingénierie des métamatériaux et autres hétérostructures diélectriques artificielles. De façon assez générale, ces résultats sont cohérents avec le fait que les propriétés des matériaux à l'état solide sont largement contrôlées par les défauts.

Dans la nature, aucun matériau avec une permittivité réelle et négative ne peut être trouvé : si $\varepsilon_2' < 0$, alors $\varepsilon_2'' \neq 0$ [93]. Comment les valeurs de ε_2 choisies dans ce travail peuvent-elles être reliées aux matériaux réels (anisotrope et dispersif) ? Peut on trouver un matériau composite réel avec l'état de résonance considéré ici ? Nous pensons que ces matériaux peuvent être physiquement réalisés en incluant par exemple des particules en métal d'Ag ($\varepsilon_2 = -7.5 - j0.24$ à $457.9\,nm$ [90]) dans une matrice diélectrique. Il est apparu clairement au cours des années est que dans ces particules argentées, la faible émission provient de la dispersion de Raman [91]. À cet égard, on peut mentionner que Garcia et collaborateurs [92]

ont montré dans leur étude de matériau à permittivité nulle dans une large gamme de fréquences que les structures for-
mées par un constituant métallique dans une matrice isolante peuvent conduire à des structures de type bande interdite
en fréquence (band-gap structures) tant que la séparation moyenne intergrain est plus faible que la longueur d'onde du
rayonnement en interaction avec ces matériaux. Il faut souligner également que dans l'approche quasistatique qui a été
utilisée ici, la perméabilité magnétique effective μ peut être calculée formellement de la même manière que la permittivité effective. La connaissance de μ peut être utilisée dans la conception et la commande de sondes magnéto-électriques
micro-ondes à haut-sensibilité [94–96]. Le même genre d'approche numérique devrait être avantageusement utilisée pour
étudier les systèmes apériodiques dans lesquels la condition de périodicité spatiale inhérente est relaxée. Bien que nos résultats soient indépendants de l'échelle spatiale, ils ne sont pas nécessairement valides pour les objets nanostructurés pour
lesquels de nombreux rapports récents ont montrés que leur utilisation améliore sensiblement les propriétés diélectriques
et mécaniques par rapport aux composites standards. Par exemple, les nanoparticules diélectriques encapsulées par une ou
plusieurs couches de métal ont des résonances optiques qui sont contrôlées par les épaisseurs des couches constitutives.

6.7 Conclusion

Nous avons développé une caractérisation numérique de paramétres physiques caractérisant de la RE de structures
composites contenant des inclusions de forme complexe et à permittivité négative. Ces résultats spécifient le rôle important de la géométrie d'inclusion et illustrent le fait que la RE, qui est une propriété intrinsèque associée à la structure
considérée, permet la caractérisation de l'interaction d'un objet polarisable à permittivité négative avec un rayonnement
électromagnétique incident dans l'hypothèse quasistatique. Nous pensons que la manipulation directe de la RE peut être
réalisée par l'optimisation de la géométrie [97]. Plus généralement, l'approche de simulation avec la méthode FE peut
être adaptée aux systèmes désordonnés 2D en considérant des disques intérpénétrables et distribués aléatoirement dans
une matrice hôte [7]. De plus, des interactions spécifiques entre les hétérogénéties des matériaux, conduisant par exemple
à des phénomènes d'agrégation, peuvent conduire à des propriétés originales de la RE.

Résonance électrostatique de composites à trois phases

7.1 Introduction

Parmi les phénomènes de résonance les plus intéressants en physique, ceux concernant les REs dans les hétérostructures, notamment dans les métamatériaux [98, 99] et les nanostructures métalliques [100, 101], sont devenus un thème de recherche très actuel, dans l'objectif de pouvoir définir un contrôle précis des coefficients de réponse (ε et μ) au moyen de champs électriques. Les domaines d'applications sont très vastes, incluant le développement de capteurs biologiques pour la détection tumorales [102, 103] jusqu'au nanoantennes pour la détection de systèmes fluorescents [104, 105]. D'un point de vue physique, les propriétés optiques d'une nanoparticule métallique sont sous la dépendance des résonances plasmons, elles mêmes sous l'influence de la géométrie de la nanoparticule et du milieu environnant. Des travaux récents travaux ont montré d'autre part que les structures métalliques peuvent conduire à des renforcements internes de champ local en concentrant l'énergie électromagnétique dans des volumes sub-longueur d'onde. De plus, dans les réseaux de nanoparticules, les couplages électromagnétiques entre particules induisent des effets photoniques qui interagissent entre l'excitation plasmonique de chaque particule et modifient aussi sensiblement le profil de la résonance plasmon par l'intermédiaire notamment du pas de réseau considéré.

Dans ce contexte, la possibilité de contrôler les états résonants d'hétérostructures devient un challenge riche d'applications potentielles, mais aussi d'enseignements fondamentaux. Cette possibilité suggère que l'analyse numérique des propriétés électromagnétiques de matériaux composites artificiels formés à partir de noyaux encapsulés (core-shell) est source de résultats originaux. La réponse diélectrique de matériaux multi-couches a été étudiée par de nombreux auteurs, dont Bowler [106], Tinga et al [107], Sihvola et Lindell [108], Steeman et Maurer [109], et Nicorovici et al [110], avec l'hypothèse sous-jacente que le couplage dipolaire prévaut à toutes échelles. L'influence de la stratification de multicouches avec plusieurs géométrie a été étudié également par Brosseau et Beroual [111]. Force est de constater, que même si des techniques expérimentales ont été mises au point pour la réalisation de ces matériaux encapsulés par des techniques

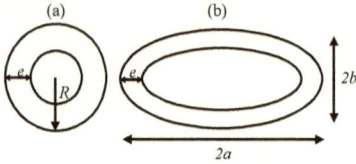

Fig. 7.1 – *Inclusions considérées : (a) disque encapsulé isolé de rayon R constitué de trois phases. La phase 3 de rayon $R - e$ et de permittivité ε_3, est entourée par une couche d'épaisseur e et de permittivité ε_2, le tout étant inclus dans la phase 1 de permittivité ε_1. (b) idem à (a) pour une inclusion elliptique encapsulée définie par le rapport d'aspect a/b où a et b sont les demi-axes principaux.*

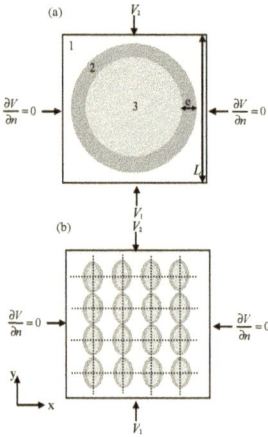

Fig. 7.2 – *(a) schéma de la cellule unité du composite contenant une inclusion encapsulée. Nous fixons $V_1 = 0\,V$ et $V_2 = 1\,V$ et faisons usage des conditions aux limites $\frac{\partial V}{\partial n} = 0$ sur les deux autres faces. La permittivité effective est obtenue dans la direction du champ électrique appliqué, c-à-d. $\varepsilon = \varepsilon_y$. Les valeurs du côté L et de la surface S ont été prises égales à l'unité, (b) idem à (a) pour un réseau d'inclusions encapsulées.*

de fonctionnalisation chimique, le rôle de l'interface entre la particule et son environnement reste peu connu. En ce qui concerne la RE de structures encapsulées, peu de travaux ont été réalisés à ce jour.

L'objectif de ce chapitre est de pouvoir quantifier sur des exemples précis les effets de la taille d'inclusion, de l'épaisseur d'encapsulation et des propriétés diélectriques intrinsèque des différentes phases, sur les caractéristiques de la RE intrinsèque dont nous avons présenté au chapitre précédent un spectre de propriétés originales sur des systèmes à deux phases. Nous étendons ici ces calculs à des structures composites à trois phases.

7.2 Methodologie de calcul

Dans nos simulations, nous avons utilisé la notation suivante pour représenter les structures composites triphasées : $\{[\varepsilon_1' - j\varepsilon_1'', L], [\varepsilon_2' - j\varepsilon_2'', e], [\varepsilon_3' - j\varepsilon_3'', R \text{ ou } (a,b)]\}_n$, où le nombre d'inclusions formant le réseau carré est n^2. Dans ce qui suit, nous traitons deux cas, (1) celui d'une inclusion circulaire (ou elliptique) isolée (Fig. 7.1), et (2) celui d'un réseau carré $n \times n$ d'inclusions. Le schéma de la Fig. 7.2, représente un réseau carré de 4×4 inclusions de forme elliptique. L'ellipse a des propriétés géométriques définies par le rapport d'aspect a/b, et le disque est tel que $a = b$. La fraction surfacique de l'inclusion encapsulée est définie par $\phi = n^2 \frac{\pi R^2}{L^2}$ pour les inclusions circulaires, et $\phi = n^2 \frac{\pi ab}{L^2}$ pour les inclusions elliptiques.

Nous rappelons ici bien que la méthode utilisée pour évaluer ε soit strictement valide pour une excitation continue, nos calculs peuvent être étendus au cas quasi-statique pour lequel, en général $\varepsilon'' \neq 0$ avec ε' pouvant ne pas satisfaire la contrainte $\varepsilon' \geq 1$ [112]. En terme électrostatique, ceci signifie que toutes les échelles d'espace caractéristiques doivent être beaucoup plus petites que la longueur d'onde du rayonnement électromagnétique et que l'épaisseur de peau (cas

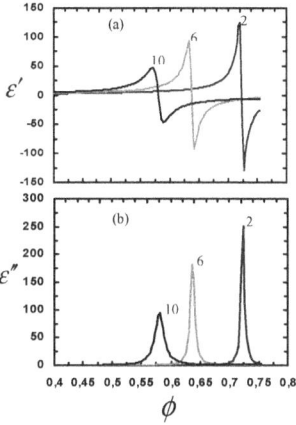

Fig. 7.3 – (a) Variation de la partie réelle de ε, d'hétérostructures à inclusion circulaire encapsulée isolée correspondant à la configuration $\{[1, L = 1], [\varepsilon_2', e], [-6 - j0.1, R]\}_1$, en fonction de la fraction surfacique de l'inclusion $\phi = \phi_1 + \phi_2 = \frac{\pi R^2}{L^2}$, où ϕ_i représente la fraction surfacique de la phase i. Les nombres correspondent au différentes valeurs de ε_2'. $e = 0.06$. La valeur de e est normalisée par rapport à la longueur de la cellule unité $(L = 1)$. (b) idem à (a) pour la partie imaginaire de la permittivité effective.

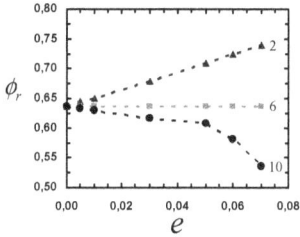

Fig. 7.4 – Variation de la fraction surfacique ϕ_r correspondant à la RE de la structure encapsulée considéré à la Fig. 7.3, en fonction de l'épaisseur de la couche e. Les nombres correspondent aux différentes valeurs de ε_2'.

d'une particule métallique), ou de façon équivalente, que le vecteur d'onde $k = \frac{\omega}{c}\sqrt{\varepsilon}\sqrt{\mu} = -\frac{\omega}{c}\sqrt{|\varepsilon|}\sqrt{|\mu|}$ doit être beaucoup plus petite que $\frac{1}{\xi}$, où ξ dénote la longueur typique qui caractérise les inhomogeneités du milieu. Il est à noter que, en général, ε' ne peut prendre des valeurs négatives que dans un domaine limité de fréquences. L'approximation quasi-statique néglige les effets dus aux pertes radiatives et de diffusion qui deviennent significatifs aux longueurs d'onde plus courtes.

7.3 Inclusion circulaire encapsulée

Nous considérons une première série de calculs correspondant à une inclusion circulaire de noyau (ε_3) encapsulée par une couche d'encapsulation ε_2 incluse dans une matrice environnante (ε_1) telle qu'elle a été représentée à la Fig. 7.2 (a). Dans ce travail nous nous focalisons notre effort sur les questions suivantes : comment les dimensions du noyau et de la couche d'encapsulation affectent les caractéristiques de la RE ? ; comment la distribution du champ électrique dans la structure est influencée par la RE localisée dans ces composites ?

À titre illustratif, nous commençons par considérer le cas d'un disque isolé (Fig. 7.2 (a)), en choisissant $\varepsilon_1 = 1$, $\varepsilon_3 = -6 - j0.1$, et un ensemble représentatif de valeurs de ε_2. Notons que nous sommes intéressés par des faibles pertes de sorte que $|\varepsilon_3'| \geq \varepsilon_3''$. Les variations correspondantes de $\varepsilon'(\phi)$ et $\varepsilon''(\phi)$ sont représentées aux Figs. 7.3 (a) et (b), qui montrent une résonance unique dans toute la gamme de ϕ considérée avec une forme symétrique du pic de résonance. L'effet d'une variation de ε_2' (> ou < à ε_3) sur la position de la résonance est indiqué à la Fig. 7.4. Les pertes sont

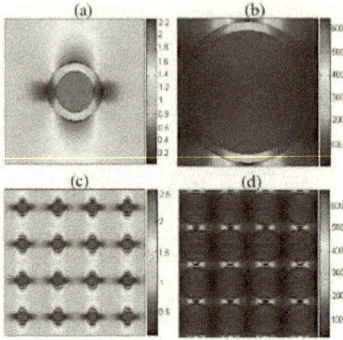

Fig. 7.5 – *Cartographie des renforcements de champ local pour différentes configurations de structures encapsulées.*
(a) état non-résonant (inclusion circulaire isolée correspondant à la configuration [1, $L = 1$], [2, $e = 0.06$], $[-6 - j0.1, R = 0.2]_1$) *avec* $\phi_r = 0.046$. *(b) état résonant (inclusion circulaire isolée correspondant à la configuration* [1, $L = 1$], [2, $e = 0.06$], $[-6 - j0.1, R = 0.48]_1$) *avec* $\phi_r = 0.1616$. *(c) état non-résonant (réseau d'inclusions circulaires correspondant à la configuration* [1, $L = 1$], [2, $e = 0.01$], $[-6 - j0.1, R = 0.05]_4$) *avec* $\phi_r = 0.0338$. *(d) état résonant (réseau d'inclusions circulaire correspondant à la configuration* [1, $L = 1$], [2, $e = 0.01$], $[-6 - j0.1, R = 0.117]_4$) *avec* $\phi_r = 0.0114$.

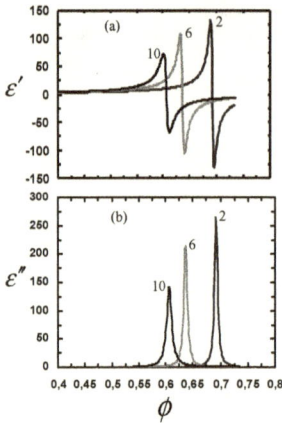

Fig. 7.6 – *(a) Variation de la partie réelle de* ε *d'hétérostructures contenant un réseau* 4×4 *d'inclusions circulaires encapsulées correspondant à la configuration* [1, $L = 1$], $[\varepsilon_2', e]$, $[-6 - j0.1, R]_4$ *en fonction de la fraction surfacique de l'inclusion. Les nombres correspondent au différentes valeurs de* ε_2'. $e = 0.01$. *La valeur de e est normalisée par rapport à la longueur de la cellule unité* ($L = 1$). *(b) Idem à (a) pour la partie imaginaire de la permittivité effective.*

toujours un problème délicat dans la modélisation d'hétérostructures ayant une permittivité négative car elles atténuent généralement les effets que nous cherchons à mettre en évidence. Les fortes valeurs de ε'' qui sont obtenues à la résonance sont également à noter. La courbe de la fraction surfacique correspondant à la RE, ϕ_r, en fonction de l'épaisseur de la couche e est représentée à la Fig. 7.4, pour différentes valeurs de ε_2. Des tendances opposées sont observées sur cette figure lors de l'augmentation de l'épaisseur de la couche e lorsque ε_2' est plus grand (ou plus petit) que $|\varepsilon_3'|$, alors que la position de la RE demeure inchangée quand $\varepsilon_2' = |\varepsilon_3'|$. Nous remarquons que les décalages de la position de la RE dus à la couche encapsulée de l'inclusion sont très significatifs dans la gamme des valeurs de e considérée. Par exemple, la valeur ϕ_r diminue de 17% passant de $\frac{e}{L} = 0.01$ à $\frac{e}{L} = 0.07$ si $\varepsilon_2' = 10$, alors que ϕ_r augmente de 12% si $\varepsilon_2' = 2$.

Les changements de la réponse physique observés à la Fig. 7.4, sont une conséquence directe des effets du champ local. Le champ électrique local est représenté aux Fig. 7.5 (a) et (b), pour les états non-résonants et résonants, respectivement. Lorsque le système est soumis à un champ électrique extérieur, les champs locaux ont des fluctuations spatiales fortes. La non-uniformité de la distribution du champ électrique ressort clairement de ces figures. Cependant, il apparaît que le champ à l'intérieur du noyau est uniforme. La distribution des points chauds est fortement anisotrope, avec un renforcement notable du champ localisé sur le bord extérieur du périmètre de la couche encapsulée. Nous avons également

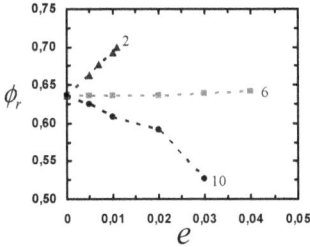

Fig. 7.7 – *Variation de la fraction surfacique ϕ_r correspondant à la RE de la structure encapsulée considérée à la Fig. 7.6, en fonction de l'épaisseur de la couche e. Les nombres correspondent au différentes valeurs de ε'_2.*

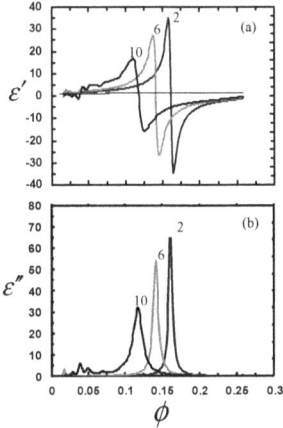

Fig. 7.8 – *(a) Idem à la Fig. 7.3, pour une inclusion elliptique isolée dans une matrice $[1, L = 1]$, $[2, e = 0.01]$, $[-6 - j0.1, (a, b)]_1)$, $\frac{a}{b} = \frac{1}{3}$. La fraction surfacique de l'inclusion est $\phi = \phi_1 + \phi_2 = \frac{\pi ab}{L^2}$. Le champ électrique est polarisé le long de l'axe y. Quand la polarisation du champ électrique est orientée le long de l'axe x, aucune RE n'est détectée, c-à-d. les valeurs de $\varepsilon'(\phi)$ et $\varepsilon''(\phi)$ sont $\cong 0$.(b) idem à (a) pour la partie imaginaire de la permittivité effective.*

vérifié sur d'autres configurations (courbes non montrées) que les pertes associées à la couche encapsulée affectent de manière similaire la RE et limitent le renforcement du champ local.

Dans le chapitre précédent, la question s'est posée de la sensibilité de la position de la RE à la périodicité de répartition des inclusions et du désordre éventuel [110, 113]. Dans une deuxième étape, des calculs similaires ont été effectués sur un réseau 4×4 d'inclusions circulaires encapsulées. Les résultats obtenus sont représentés aux Figs. 7.6 et 7.7. Par comparaison au cas d'une inclusion isolée (Figs. 7.3 et 7.4), nous notons que la proximité des autres inclusions n'affecte pas de façon notable les caractéristiques de la RE. Le renforcement du champ électrique peut être notable comme les Figs. 7.5 (c) et (d), l'illustrent, et reste comparable à celui observé pour des inclusions homogènes ayant les mêmes paramètres telles que celles qui ont été considérées au chapitre 6 [88,89]. Il est également remarquable d'observer que ces distributions spatiales reflètent la symétrie du réseau carré, c-à-d. elles sont invariantes par les transformations du groupe C_{4v}. Ces courbes suggèrent également que le champ dans le noyau est uniforme à l'état résonant.

7.4 Inclusion elliptique encapsulée

Nous considérons maintenant l'effet de l'encapsulation sur la RE pour des hétérostructures contenant des inclusions elliptiques encapsulées. D'abord, nous étudions le cas d'une inclusion isolée. Le rapport d'aspect est défini par $\frac{a}{b}$ (Fig. 7.1). L'analyse a été faite sur les deux cas suivants : $\frac{a}{b} = \frac{1}{3}$ et $\frac{a}{b} = \frac{1}{2}$. En gardant la même notation que précédemment, nous décrivons la structure avec une couche encapsulée comme $[1, L = 1], [\varepsilon'_2, e = 0.01], [-6 - j0.1, (a, b)]_1$. La Fig.

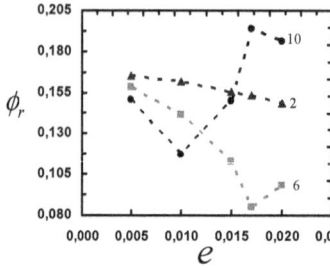

Fig. 7.9 – *Idem à la Fig. 7.4, pour une inclusion elliptique isolé encapsulée avec $\frac{a}{b} = \frac{1}{3}$; $\varepsilon_3 = -6 - j0.1$.*

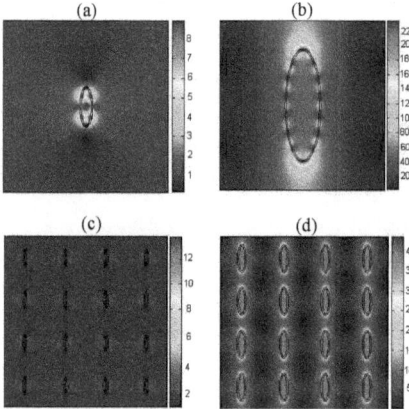

Fig. 7.10 – *Cartographie des renforcements de champ local pour différentes configurations de structures encapsulées.*
(a) état non-résonant (inclusion elliptique isolée correspondant à la configuration $[1, L = 1]$, $[2, e = 0.01]$, $[-6 - j0.1, (a, b)]_1$) avec $\frac{a}{b} = \frac{1}{3}$ et $2a = 0.07$. $\phi_r = 0.046$.
(b) état résonant (inclusion elliptique isolée correspondant à la configuration $[1, L = 1]$, $[2, e = 0.01]$, $[-6 - j0.1, (a, b)]_1$) avec $\frac{a}{b} = \frac{1}{3}$ et $2a = 0.1309$. $\phi_r = 0.1616$.
(c) état non-résonant (réseau d'inclusions elliptiques correspondant à la configuration $[1, L = 1]$, $[2, e = 0.01]$, $[-6 - j0.1, (a, b)]_4$) avec $\frac{a}{b} = \frac{1}{3}$ et $2a = 0.0149$. $\phi_r = 0.0338$.
(d) état résonant (réseau d'inclusions elliptiques correspondant à la configuration $[1, L = 1]$, $[2, e = 0.01]$, $[-6 - j0.1, (a, b)]_4$) avec $\frac{a}{b} = \frac{1}{3}$ et $2a = 0.0275$. $\phi_r = 0.0114$.

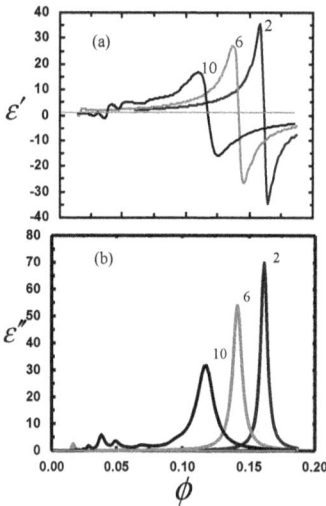

Fig. 7.11 – *Idem à la Fig. 7.8, pour un réseau d'inclusions elliptiques encapsulées avec $\frac{a}{b} = \frac{1}{3}$ et $e = 0.0025$; $\varepsilon_3 = -6 - j0.1$.*

7.8, illustre l'effet de ϕ et de ε'_2 sur $\varepsilon'(\phi)$ et $\varepsilon''(\phi)$. La comparaison des courbes $\varepsilon'(\phi)$ et $\varepsilon''(\phi)$ des Figs. 7.8 et 7.3, indique que pour des mêmes valeurs de la permittivité intrinsèque des constituants, la position de la RE peut être notablement décalée vers des valeurs plus faibles de ϕ selon la valeur du rapport d'aspect a/b. À la Fig. 7.3, nous avons repéré l'ordre

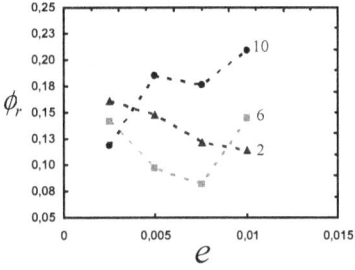

Fig. 7.12 – *Idem à la Fig. 7.9, pour un réseau d'inclusions elliptiques encapsulées avec $\frac{a}{b} = \frac{1}{3}$; $\varepsilon_3 = -6 - j0.1$.*

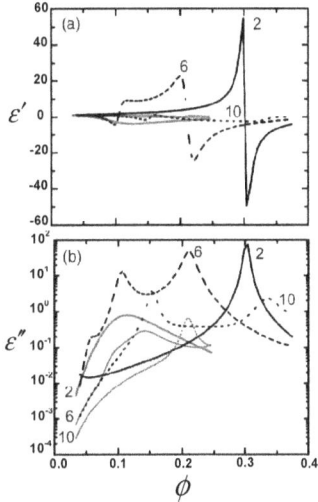

Fig. 7.13 – *(a) Variation de la partie réelle de ε, d'hétérostructure à inclusion elliptique encapsulée correspondant à la configuration $[1, L = 1], [\varepsilon_2', e = 0.01], [-6 - j0.1, (a,b)]_4$), en fonction de la fraction surfacique de l'inclusion. Résultats pour trois valeurs différentes de ε_2' (ligne en trait plein : $\varepsilon_2' = 2$, ligne en tiret $\varepsilon_2' = 6$, et ligne en pointillé $\varepsilon_2' = 10$) pour deux valeurs différentes du rapport d'aspect $\frac{a}{b}$ (rouge : $\frac{a}{b} = \frac{1}{3}$, et noir : $\frac{a}{b} = \frac{1}{2}$). Le champ électrique est polarisé le long de l'axe de y. (b) idem à (a) pour la partie imaginaire de ε.*

hiérarchique des positions de la RE : $[\phi_r \approx 0.7238$ pour $\varepsilon_2' = 2]$, $[\phi_r \approx 0.6362$ pour $\varepsilon_2' = 6]$ et $[\phi_r \approx 0.5808$ pour $\varepsilon_2' = 10]$. La comparaison avec la Fig. 7.8, indique la même hiérarchie des positions de la RE mais avec des valeurs beaucoup plus faibles de ϕ_r. Il est intéressant de noter que les régions du cross over, c-à-d. correspondant au passage ε' positif à une valeur négative, observables à la Fig. 7.8, ont des dimensions typiquement de même ordre ($\Delta\phi \cong 0.05$) que pour les particules circulaires. Un autre résultat intéressant obtenu à partir de ces calculs, est l'effet de polarisation le long des deux directions x et y. Cet effet peut être clairement visualisé à la Fig. 7.9, où aucune RE n'est détectée dans la gamme ($\phi < 0.2$) quand la polarisation de champ électrique est suivant x. Ce comportement est réminiscent et consistant avec le FD analysé pour des ellipses dans le chapitre 5. Les valeurs de ϕ_r correspondant à la RE, en fonction de l'épaisseur de la couche, sont tracées à la Fig. 7.9. Ces courbes indiquent un comportement non-monotone contrastant avec les résultats de la Fig. 7.4. À la Fig. 7.10, nous montrons la distribution spatiale du champ électrique local. Les Figs. 7.10 (a)-(b), illustrent les états non-résonants et résonants, respectivement. A partir de ces figures, on notera deux faits saillants : le renforcement du champ local pour l'état résonant est plus faible que pour le cas d'inclusions circulaires encapsulées en prenant le même ensemble de paramètres, et le champ dans la couche elliptique pour les états résonants et non-résonants n'est pas uniforme, avec contrastant avec le cas de la couche circulaire.

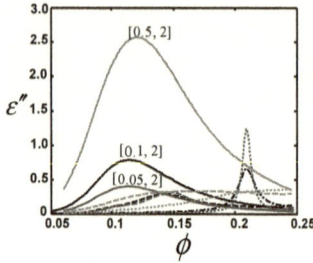

Fig. 7.14 – *Effet de perte de la phase du noyau* ε_2'' *sur la partie imaginaire de* ε, *correspondant à la configuration* $[1, L = 1], [\varepsilon_2', e = 0.01], [-6 - j0.1, (a, b)]_4$ *en fonction de la fraction surfacique de l'inclusion elliptique. Résultats pour trois valeurs différentes de* ε_2' *(ligne en trait plein :* $\varepsilon_2' = 2$, *ligne en tiret* $\varepsilon_2' = 6$, *et ligne en pointillé* $\varepsilon_2' = 10$) *et trois valeurs différentes de* ε_3'' *(rouge :* $\varepsilon_3'' = 0.5$, *noir :* $\varepsilon_3'' = 0.1$, *bleu :* $\varepsilon_3'' = 0.05$). $\frac{a}{b} = \frac{1}{3}$. *Pour la comparaison, nous indiquons (nombres entre parenthèses) les cas où* $\varepsilon_2' = 2$ *et* $\varepsilon_3'' = 0.5, 0.1,$ *et 0.05.*

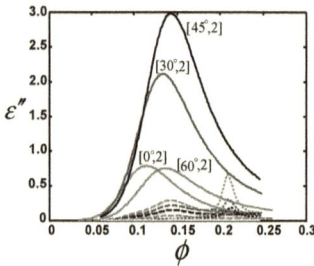

Fig. 7.15 – *Effet de la polarisation du champ électrique sur la partie imaginaire de* ε, *correspondant à la configuration* $[1, L = 1], [\varepsilon_2', e = 0.01], [-6 - j0.1, (a, b)]_4$ *en fonction de la fraction surfacique de l'inclusion elliptique. Résultats pour trois valeurs différentes de* ε_2' *(ligne en trait plein :* $\varepsilon_2' = 2$, *ligne en tiret* $\varepsilon_2' = 6$, *et ligne en pointillé* $\varepsilon_2' = 10$) *et quatre valeurs différentes de* θ *(violet :* $\theta = 60°$, *noir :* $\theta = 45°$, *bleu :* $\theta = 30°$, *rouge :* $\theta = 0°$). $\frac{a}{b} = \frac{1}{3}$. *Pour la comparaison, nous indiquons (nombres entre parenthèses) les cas où* $\varepsilon_2' = 2$ *et* $\theta = 0°, 30°, 45°, 60°$. θ *étant l'angle de l'orientation du champ électrique le long de l'axe y. Le cas qui correspond à* $\theta = 90°$ *est confondu avec l'axe horizontal de cette figure.*

Nous nous intéressons à présent aux propriétés de la RE pour un réseau d'inclusions. Les Figs. 7.11 et 7.12, indiquent les résultats obtenus pour un réseau 4×4 d'inclusions elliptiques encapsulées. De fortes ressemblance sont observées pour la hiérarchie des positions de la RE entre le cas d'une inclusion elliptique encapsulée isolée (Fig. 7.8), et le réseau d'inclusions elliptiques encapsulées (Fig. 7.11). Ceci peut être également visualisé en comparant les Figs. 7.9 et 7.12, qui montrent l'évolution de la position de la résonance, ϕ_r, en fonction de l'épaisseur de la couche e. Pour souligner les différences entre les comportements de la RE de l'inclusion isolée et le réseau d'inclusions, nous avons également tracé la distribution du champ local aux Figs. 7.10 (b) et (d). Ce résultat nous indique que le renforcement du champ local à la résonance est beaucoup plus faible que celui de l'état non-résonant.

Nous étudions maintenant en détail l'effet du rapport d'aspect $\frac{a}{b}$ sur la RE d'hétérostructures contenant un réseau 4×4 d'inclusions elliptiques encapsulées, avec $e = 0.01$, et $\varepsilon'' = 0.1$. La Fig. 7.13, montre les résultats typiques des simulations pour deux valeurs du rapport d'aspect $\frac{a}{b} = \frac{1}{3}$, et $\frac{a}{b} = \frac{1}{2}$. Une caractéristique remarquable des données de la Fig. 7.13, est la forte valeur de ε' et ε'' obtenues dans le cas $\frac{a}{b} = \frac{1}{2}$, pour les trois valeurs de ε_2' étudiées (2, 6, et 10). On peut remarquer que la structure en double-pic de la RE a été observé pour $\varepsilon_2' = 6$ et 10, c-à-d. quand $\varepsilon_2' \geq | \varepsilon_3' |$, contrastant avec le pic unique lorsque $\varepsilon_2' = 2$, c-à-d. quand $\varepsilon_2' < | \varepsilon_3' |$. Il est à noter également un décalage de l'un des pics de cette RE hybride vers une valeur plus faible de ϕ, alors que l'autre est décalée dans l'autre sens. De la Fig. 7.13, nous observons que la hiérarchie de la positions de la RE est inversée pour les deux valeurs de $\frac{a}{b}$.

7.5 Effet des pertes et de la polarisation

Pour étudier l'effet des pertes de telles structures, nous avons fait varier les pertes du noyau des inclusions. Même pour de faibles pertes du noyau, les pertes totales ε'' augmentent de façon considérable. Il est intéressant d'analyser les résultats

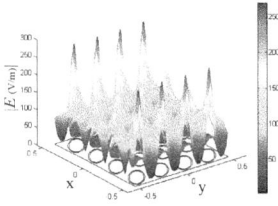

Fig. 7.16 – *Cartographie des renforcements de champ local qui correspond à l'état résonant de la configuration* $[1, L = 1], [\varepsilon'_2, e = 0.01], [-6 - j0.1, (a, b)]_4)$. $\frac{a}{b} = \frac{1}{2}$. *L'inclusion est orientée sous un angle* $\theta = 45°$ *Le champ électrique est polarisé le long de l'axe de* y.

de la Fig. 7.14, pour le cas considéré précédemment ($\frac{a}{b} = \frac{1}{3}$, et $e = 0.01$). Sur cette figure, on note l'élargissement notable du pic de RE lorsque ε''_3 varie d'un ordre de grandeur. On note aussi que la position de la RE dépend fortement de la valeur de ε'_2 relativement à celle de ε'_3.

L'anisotropie de polarisation fournit des informations complémentaires sur la RE. Pour illustrer ce point, nous étendons nos résultats [114, 115] à différents états de polarisation du champ électrique ($0°, 30°, 45°, 75°$, et $90°$), θ étant l'angle d'orientation de l'axe de l'inclusion par rapport à la direction du champ électrique (suivant y). Les résultats de la Fig. 7.15, montrent la dépendance angulaire non-monotone de la RE. Ces résultats sont à rapprocher du comportement du FD des ellipses le long de ces axes [39,40,116]. Enfin, la Fig. 7.16, montre la distribution du champ local. On constate des renforcements du champ local de l'ordre de quelques centaines à la résonance par la localisation de l'énergie électrique sur des petites parties du périmètre de l'inclusion.

7.6 Conclusion

Grâce à une série de simulations, nous avons analysé comment de façon indépendante des variations de l'épaisseur de la couche d'encapsulation et de la permittivité des constituants influence le comportement de la RE. L'hypothèse basique a été de prendre négative la partie réelle de la permittivité du noyau. Trois résultats saillants de cette étude ressortent. L'épaisseur de la couche d'encapsulation peut décaler la position de la RE et mener à un effet résonant pour la réponse diélectrique de ces structures de type noyau encapsulé excitées sous un champ électrique quasistatique. Cette étude a été réalisée pour deux systèmes prototypiques (disque et ellipse). La forme et l'épaisseur de la couche peuvent être des facteurs de contrôle de la résonance des structures encapsulée. En second lieu, nous avons également observé l'influence de la dépendance du contraste de permittivité entre le noyau et la couche de la particule. La dépendance des parties réelle et imaginaire de la permittivité effective est forte vis à vis de ce contraste. Troisièmement, nous avons également réaffirmé le rôle de la polarisation comme paramètre électrique de contrôle de la RE. Ces résultats sont significatifs, car ils peuvent contribuer à la compréhension des propriétés électromagnétiques de métamateriaux de type plasmonique avec des géométries optimisées.

La méthodologie décrite ici est tout à fait générale, et extensible à une variété de structures. Trois remarques sont a noter. D'abord, on peut considérer la question de la résonance stochastique. La présente étude s'est concentré sur des systèmes simples et déterministes, mais on peut étendre l'étude à d'autre systèmes beaucoup plus complexes qui ne possèdent pas la symétrie de translation du réseau. En second lieu, on peut également étudier les caractéristiques de la résonance de perméabilité magnétique en considérant simultanément les inhomogénéités et les interfaces diélectriques. Yang et Chang [117] ont rapporté récemment des calculs de perméabilité magnétique dans des cristaux photoniques composés de matériaux magnétiques, ainsi que Wu et collaborateurs [118] pour un composite magnéto-électrique (ME) multifonction-nel au delà de la limitation de type grande longueur d'onde. Un nombre considérable d'expériences suggère que l'effet ME est caractérisé par l'apparition d'une polarisation sous un champ magnétique appliqué dont l'exploitation est source d'un très grand nombre d'applications potentielles. Troisièmement, nos résultats ont plusieurs implications dans les tra-vaux permettant de formuler une description cohérente des propriétés électromagnétiques de nanostructures, comme celle, par exemple, concernant le décalage observé de la résonance de plasmon de surface dans les nanoparticules recouvertes d'or [119]. Dans notre modélisation, nous avons explicitement ignoré les effets de bords et d'interface (par exemple l'ad-sorption d'un polymère à la surface de la particule) car les phases du matériau ont été considérées comme dense et sans interaction spécifique. Par conséquent ces calculs peuvent ne pas être valides pour certains types de composites stratifiés, qu'ils soient d'origine naturelle ou synthétique, pour lesquels le comportement structurel à cette échelle demeure inconnu en grande partie du à l'absence d'informations locales sur ces structures. Pour valider expérimentalement nos calculs, nous devons considérer divers prototypes de noyau encapsulé, ce qui implique une collaboration étroite avec les chimistes des solides finement divisés. Nous pensons que les hétérostructures diélectriques biocompatibles contenant des inclusions à noyau encapsulé auront des applications importantes dans les domaines du diagnostic et du traitement des cancers, ainsi que dans les phénomènes de catalyse.

Conclusion générale

A l'issue de la présentation des résultats numériques obtenus dans cette étude, il est intéressant de revenir à l'ensemble des questions que nous nous étions posées dans le chapitre introductif (section 1.8) et d'essayer de synthétiser les réponses originales que nous pouvons proposer.

(i) Dans l'objectif de pouvoir discriminer entre les effets respectifs du périmètre et de la surface d'inclusion, nous avons proposé un descripteur morphologique en $\tilde{p}\sqrt{\phi_2}$ qui, associé à une transformation de similarité pour une géométrie fractale, permet de rendre compte des caractéristiques diélectriques de composites renferment ce type d'inclusion. Prendre en compte la géométrie de telles structures qui peuvent avoir un périmètre infini tout en conservant une surface finie est important pour la considération de nanostructures pour lesquelles l'analogie 3D (surface infinie, volume fini) doit pouvoir rendre compte des propriétés diélectriques particulières aux nanostructures dont on sait que les effets de surface par rapport à ceux du au volume sont prédominants du fait de la fraction importante de matière au niveau des interfaces.

(ii) Des résultats originaux ont été obtenus pour les objets perforés, notamment sur l'influence des trous (forme et dimension), du contraste de permittivité, et de leur fraction surfacique (porosité). Ces résultats ne sont pas généralement en accord avec la modélisation de type Archie largement utilisée en géophysique.

(iii) La considération des problèmes de l'évaluation du FD a permis également de bien mettre en évidence les limitations des approches analytiques standards de type loi de mélange, où modèle de champ effectif. Nous avons proposé une méthode générale du calcul du FD pour une inclusion de forme arbitraire dans un composite biphasique. Au delà de cette problématique, l'outil numérique permet également de bien préciser quelles sont les limites d'application de l'approximation dipolaire en terme de composition des mélanges composites. La confrontation avec les lois de Maxwell Garnett et de Bruggeman est dans ce contexte révélatrice.

(4i) Un faisceau de résultats originaux a été obtenu sur la description des phénomènes de RE intrinsèque qui permet de bien prendre en compte la géométrie de l'inclusion ou du réseau d'inclusions considéré. Le contrôle de cette RE par la polarisation du champ électrique, et les propriétés d'une couche d'encapsulation sont aussi des résultats marquants dont nous pensons qu'il sont générateurs d'applications importantes pour les nanomatériaux.

De très nombreuses perspectives peuvent être envisagés à l'issue de ce travail. Nous en mentionnons brièvement trois qui méritent selon nous des développements plus détaillés. (1) Nous n'avons ici considéré que des structures déterministes. Bien que celles-ci jouent un rôle important dans les développements récents concernant les métamatériaux, les matériaux réels sont sous la dépendance d'un désordre spatial qui ne peut être généralement décrit correctement que par une analyse statistique. Nous pensons que l'analyse de la RE dans le cadre d'une approche aléatoire où la méthode FE est couplée à une méthode de type Monte Carlo, permettra d'en déduire des informations fines sur l'influence du désordre (type de loi statistique, rôle de l'agrégation, etc) sur les caractéristiques de la RE. Notre première analyse du rôle des défauts dans les structures périodiques sur les propriétés de la RE donne une indication que ces effets peuvent être importants. Ce thème est à rapprocher du concept de localisation par le désordre en physique statistique. (2) Un deuxième développement que nous envisageons concerne l'optimisation du FD et de la polarisabilité d'une inclusion dans un composite donné par des techniques d'optimisation topologique. Ces techniques extrêmement puissantes dans leur prédiction ont été récemment développées par Torquato [7] pour proposer des solutions optimisées. (3) Un troisième développement qui est en passe d'être analysé dans notre laboratoire est celui du couplage des propriétés diélectriques effectives avec des excitations autres que le gradient de potentiel, notamment une contrainte mécanique, ou un champ magnétique. Des travaux récents sur les polymères chargés en noirs de carbone [120] ont montré que la réponse diélectrique de ces matériaux complexes est fortement affectée par une contrainte uniaxiale. Des travaux en cours ont pour objectif, de modéliser le calcul de la permittivité effective de ces milieux sous une contrainte mécanique afin de confronter des modèles d'organisation aléatoire des particules de noirs de carbone dans la matrice polymère aux données expérimentales. Des premières résultats sur des morphologies "simplifiées" ont montré que l'analyse numérique permettait de bien mettre en évidence de rôle de l'interphase entre les aggrégats de noirs de carbone avec les chaînes polymères [122]. L'effet magnéto-électrique est également porteur de nombreuses applications, et nous pensons que l'analyse FE dans la limite quasi-statique permettra de mettre en évidence le couplage entre les propriétés diélectrique effective (ε) et magnétique effective (μ) de ces matériaux.

Bien d'autres thématiques sont envisageables ; elles confèrent à "l'Électromagnétisme Numérique" une puissance d'analyse qui en fait une voie de recherche au même titre que la théorie et l'expérience.

Valorisation du travail de recherche

Publications dans des revues internationales avec comité de lecture

– A. Mejdoubi et C. Brosseau, "FDTD simulation of heterostructures with inclusion of arbitrarily complex geometry", *J.Appl.Phys., 99, 063502 (2006)*.

– A. Mejdoubi et C. Brosseau, "Duality and similarity properties of the effective permittivity of two-dimensional heterogeneous medium with inclusion of fractal geometry", *Phys. Rev. E, 73, 031405 (2006)*.

– A. Mejdoubi et C. Brosseau, "Dielectric response of perforated two-dimensional lossy heterostructures : a finite-element approach", *J. Appl. Phys., 100, 094103 (2006)*.

– A. Mejdoubi et C. Brosseau, "Finite element simulation of the depolarization factor of arbitrarily shaped objects", *Phys. Rev. E, 74, 031405 (2006)*.

– A. Mejdoubi et C. Brosseau,"Intrinsic resonant behavior of metamaterials", *Phys. Rev. B, 74, 165424 (2006)*.

– A. Mejdoubi et C. Brosseau, "Numerical calculations of the intrinsic electrostatic resonances of artificial dielectric heterostructures", *J. Appl. Phys., 101, 084109 (2007)*.

– A. Mejdoubi et C. Brosseau, "Intrinsic electrostatic resonances of heterostructures with negative permittivity from finite-element calculations : Application to core-shell particles", *J. Appl. Phys., 101, 084109 (2007)*.

– A. Mejdoubi et C. Brosseau, "Controlling intrinsic electrostatic resonances of negative permittivity artificial multi-layers", *J. Appl. Phys, 103, 8, pp., 084109 (2008)*.

– A. Mejdoubi et C. Brosseau, "Finite element simulation of the depolarization factor of arbitrarily shaped objects", *Phys. Rev. E, 74, 031405 (2006)*.

Conférences

– A. Mejdoubi et C. Brosseau, " Simulation FDTD d'hétérostructures contenant une inclusion de forme complexe", *JCMM 2006, Saint-Etienne, France, 29-31 Mars 2006*.

– A. Mejdoubi et C. Brosseau," Propriétés effectives de structures composites perforées",*NUMELEC'06 5th European Conference on Numerical Methods in Electromagnetism, Lille, France, 2006*.

– A. Mejdoubi et C. Brosseau," Evaluation du facteur de dépolarisation d'une inclusion de forme quelconque", *NU-MELEC'06 5th European Conference on Numerical Methods in Electromagnetism, Lille, France, 2006*.

- A. *Mejdoubi* et **C.** Brosseau, " Depolarization factor of arbitrarily shaped inclusions", *16th International Conference on the Computation of Electromagnetic Fields, COMPUMAG, Aachen, Germany, 2007.*
- A. *Mejdoubi* et **C.** Brosseau, "Intrinsic Electrostatic Resonances of Artificial Dielectric Heterostructures", *ICSD 2007, Winchester, UK.*

Bibliographie

[1] C. Brosseau, J. Phys. D **39**, 1277 (2006).

[2] J. C. Maxwell Garnett, Philos. Trans. R. Soc. Lond. A **203**, 38 (1904).

[3] D.A.G. Bruggeman, Ann. Phys. (Leipzig) **24**, 636 (1935).

[4] C. J. F. Böttcher, (Elsevier, Amsterdam, 1952).

[5] H. Looyenga, Physica **31**, 401 (1965).

[6] K. Lichtenecker, Phys. Zeitsch, **30**, 805 (1929).

[7] S. Torquato, *Random Heterogeneous Materials : Microstructure and Macroscopic Properties*, (Springer, New York, 2002).

[8] V. Myroshnychenko et C. Brosseau, Phys. Rev. E **71**, 016701 (2005).

[9] V. Myroshnychenko et C. Brosseau, J. Appl. Phys. **97**, 044101 (2005).

[10] A. Mejdoubi et C. Brosseau, J.Appl.Phys. **100**, 094103 (2006).

[11] S. Orlowska, Thèse de doctorat de l'Ecole Centrale de Lyon (2003).

[12] S. Berthier, *Optique des Milieux Composites*, (Polytechnica, Paris, 1993).

[13] A. H. Sihvola, *Electromagnetic Mixing Formulas and Applications*, (IEE Publishing, London, 1999).

[14] Z. Hashin et S. Shtrikman, J. Appl. Phys. **33**, 3125 (1962).

[15] K. S. Yee, IEEE Trans. Antennas Prop. AP-**14**, 303 (1966).

[16] A. Taflove, *Computational Electrodynamics-The Finite-Difference Time-Domain Method* (Artech House Inc., Norwood MA, 1995) ; A Taflove et S. C. Hagness, *Computational Electrodynamics : The Finite-Difference Time Domain Method* (Artech House Publishers, Boston, 2000), 2nd ed. ;

[17] C. Brosseau et A. Beroual, Prog. Mater. Sci. **48**, 373 (2003).

[18] C. Ang, Z. Yu, R. Guo, et A. Bhalla, J. Appl. Phys. **93**, 3475, (2003).

[19] X. Zhao, Y. Wu, Z. Fan, et F. Lei, J. Appl. Phys. **95**, 8110, (2004).

[20] D.S. Lévy, Ed.Masson, (1993).

[21] R. Courant, K. Friedrichs et H. Lewy, Mathematische Annalen, vol. **100**, No. 1, **32**, (1928).

[22] F. Rejiba, Thèse de doctorat de l'Université Pierre et Marie Curie, (2002).

[23] J. Fang, Ph.D dissertation, Univ. of California, Berkley, CA. (1989)

[24] K. P. Prokopidis et T. D. Tsiboukis, EMG, **24**, 301, (2004).

[25] J. S. Juntunen et D. Tsiboukis, IEEE IEEE Trans. Antennas Prop, **48**, No. 4, (2000).

[26] Kurt L. Shlager et John B. Schneider, IEEE IEEE Trans. Antennas Prop, **51**, No. 3, (2003).

[27] Z. Sacks, D. Kingsland, R. Lee et J. Lee, IEEE IEEE Trans. Antennas Prop, **43**, 12, (1995).

[28] D. Gedney, IEEE Trans. Antennas Prop, **44**, 1630 (1996).

[29] J-P. Bérenger, J. Computational Physics, **114**, 185 (1994).

[30] R.W. Ziolkowski, IEEE Trans. Antennas Prop, **45**, 302 (1997).

[31] K. S. Kunz et R. J. Luebbers, *The FDTD Method for Electromagnetics* (CRC, Boca Raton, 1993).

[32] K.R. Umashankar, et A.Taflove, IEEE Trans. Electromagnetic Compatibility, **24**, 397 (1982).

[33] C. Baum, *Toward an Engineering of Electromagnetic Scattering*, (Academic Press, New York, 1972).

[34] C. Guiffaut, Thèse de doctorat à l'université de Rennes 1, 2000.

[35] A. Mejdoubi et C. Brosseau, J.Appl.Phys. **99**, 063502 (2006).

[36] L. Zhou et L. E. Davis, IEEE Trans. on MTT. **44**, No. 6, June (1996).

[37] P. Silvester, *Finite Element for Electrical Engineers*, (Cambridge University Press, Cambridge, 1996).

[38] P. Hunter, A. Pullan, FEM/BEM Notes, The University of Auckland - Department of Engineering Science, New Zealand (2001).

[39] A. Mejdoubi et C. Brosseau, Phys. Rev. E, **74**, 031405 (2006).

[40] A. Mejdoubi et C. Brosseau, IEEE. Trans. Mag. (publié en Avril 2008)

[41] Comsol Multiphysics Reference Manual, (Comsol AB, Stockholm, Sweden, 2003).

[42] J. P. Calame, A. Birman, Y. Carmel, D. Gershon, B. Levush, A. A. Sorokin, V. E. Semenov, D. Dadon, L. P. Martin, et M. Rosen, J. Appl. Phys. **80**, 3992 (1996).

[43] O. Pekonen, K. K. Kärkkäinen, A. H. Sihvola, et K. I. Nikoskinen, J. Electromagn. Waves Applicat. **13**, 67 (1999).

[44] S. D. Gedney, IEEE Trans. Antennas Prop. **44**, 1630 (1996). Voir aussi H. Derudder, F. Olyslager, L. Knockaeret, et D. De Zutter, IEEE Trans. Antennas Prop. **51**, 1806 (2003), H. Derudder, F. Olyslager, D. De Zutter, et S. Van den Berghe, IEEE Trans. Antennas Prop. **49**, 185 (2001), J.-P. Berenger, IEEE Trans. Antennas Prop. **44**, 110 (1996), et J. -P. Berenger, J. Comput. Phys. **114**, 185 (1994).

[45] G. Mur, IEEE Trans. Electromagnetic Compatibility **23**, 377 (1981). Voir aussi M. Kuzuoglu et R. Mittra, IEEE Microwave Guided Wave Lett. **6**, 447 (1996), et Z. S. Sacks, D. M. Kingsland, R. Lee, et J.-F. Lee, IEEE Trans. Antennas Prop. **43**, 1460 (1995).

[46] E. Tuncer, Turk. J. Phys. **27**, 121 (2003).

[47] J. B. Keller, J. Appl. Phys. **34**, 991 (1963). Voir aussi J. B. Keller, J.Math. Phys. **5**, 548, (1964).

[48] A. M. Dykhne, Zh. Eksp. Teor. Fiz. **59**, 110 (1970) [Sov. Phys. JETP 32, 63 (1970)].

[49] K. S. Mendelson, J. Appl. Phys. **46**, 918 (1975) ; J. Appl. Phys. **46**, 4740 (1975).

[50] B. Ya. Balagurov, Zh. Eksp. Teor. Fiz. **81**, 665 (1981) [Sov. Phys. JETP 54, 355 (1981)].

[51] G. W. Milton, Phys. Rev. B **38**, 11296 (1988) ; G. W. Milton, Phys. Rev. Lett. **46**, 542 (1981) ; G. W. Milton, J. Appl. Phys. **52**, 5294 (1981) ; G. W. Milton, in Physics and Chemistry of Porous Media, edited by D. L. Johnson et P. N. Sen (American Institute of Physics, New York, 1984), et G. W. Milton, Commun. Math. Phys. **111**, 281 (1987).

[52] P. P. Durand et L. H. Ungar, Int. J. Numer. Methods Eng. **26**, 2487 (1988).

[53] K. A. Schulgasser, Int. Comm. Heat Mass Transfer **19**, 639 (1992).

[54] M. Sahimi, *Heterogeneous Materials I : Linear Transport and Optical Properties*, (Springer, New York, 2003).

[55] A. Mejdoubi et C. Brosseau, Phys. Rev. E, **73**, 031405 (2006).

[56] H. E. Stanley, in *Fractals et Disordered Systems*, edited by A. Bunde and S. Havlin, (Springer-Verlag, Berlin, 1991).

[57] J. Feder, *Fractals*, (Plenum, New York, 1988).

[58] M. Kardar, G. Parisi, et Y. C. Zhang, Phys. Rev. Lett. **56**, 889 (1986) ; W. M. Tong et R. S. Williams, Annua. Rev. Phys. Chem. **45**, 401 (1994) ; C. Douketis, Z. Wang, T. L. Haslett, et M. Moskovits, Phys. Rev. B **51**, 11022 (1995).

[59] D. R. Smith, W. J. Padilla, D. C. Vier, S. C. Nemat-Nasser, et S. Schultz, Phys. Rev. Lett. **84**, 4184 (2000). Voir aussi R. A. Shelby, D. R. Smith, et S. Schultz, Science **292**, 77 (2001) ; et A. A. Houck, J. B. Brock, et I. L. Chuang, Phys. Rev. Lett. **90**, 137401 (2003).

[60] C. Puente, J. Romeu, R. Pous, et A. Cardama, Multiband Fractal Antennas and Arrays, in Fractals in Engineering, J. L. Véhel, E. Lutton, et C. Tricot, eds., (Springer, New York, 1997). Voir aussi C. Puente, J. Romeu, R. Pous, X. Garcia, et F. Benitez, IEE Electron. Lett. **32**, 1 (1996).

[61] D. J. Bergman et D. Stroud , Solid State Physics, 147 (1992).

[62] O. Pekonen, K. K. Kärkkäinen, A. H. Sihvola, et K. I. Nikoskinen, J. Electromagn. Waves Applicat. **13**, 67 (1999).

[63] D. Gershon, J. P. Calame, et A. Birnboim, J. Appl. Phys. **89**, 8117 (2001). Voir aussi A. Birnboim, J. Calame, et Y. Carmel, J. Appl. Phys. **85**, 1

[64] G. W. Milton, *The Theory of Composites*, (Cambridge University Press, Cambridge, 2002).

[65] W. Weiglhofer, J. Phys. A **31**, 7191 (1998).

[66] A. Lakhtakia et N. Lakhtakia, Optik, **109**, 140 (1998).

[67] A. Yaghjian, Proc. IEEE 68, 248 (1980). Voir aussi C. T. Tai et A. Yaghjian, Proc. IEEE **69**, 282 (1981).

[68] E. J. Garboczi et J. F. Douglas, Phys. Rev. E **53**, 6169 (1996) ;

[69] A. Sihvola, J. Venermo, et P. Ylä-Oijala, Microwave Opt. Technol. Lett. **41**, 245 (2004).

[70] L. Landau et E. Lifshitz, *Electrodynamics of Continuous Media*, 2nd ed., (Pergamon Press, Oxford, 1984).

[71] S.W. Lee, J. Boersma, C.L. Law, et G. A. Deschamps, IEEE Trans. Antennas Prop. AP-**28**, 311 (1980).

[72] J. van Bladel, *Singular Electromagnetic Fields et Sources*, (IEEE, New York, 1995).

[73] G. Polya et G. Szegö, *Isoperimetric Inequalities in Mathematical Physics*, (Princeton University Press, Princeton, NJ, 1951).

[74] G. Y. Lyubarskii, Application of Group Theory in Physics, (Pergamon Press, New York, 1960).

[75] D. X. Chen, J. A. Brug, et R. B. Goldfarb, IEEE Trans. Mag. **27**, 3601 (1991).

[76] A. N. Lagarkov et A. K. Sarychev, Phys. Rev. B **53**, 6318 (1996).

[77] E. C. Stoner, Phil. Mag. **36**, 803 (1945).

[78] J. A. Osborne, Phys. Rev. **67**, 351 (1945).

[79] S. Tandon, M. Beleggia, Y. Zhu, et M. de Graef, J. Magn. Magn. Mater. **271**, 27 (2004) ; S. Tandon, M. Beleggia, Y. Zhu, et M. De Graef, J. Magn. Magn. Mater. **271**, 9 (2004).

[80] S. Torquato, S. Hyun, et A. Donev, J. Appl. Phys. **94**, 5748, (2003) ; S. Torquato, S. Hyun, et A. Donev, Phys. Rev. Lett. **89**, 26601, (2002) ; et M.P. Bendsoe et O. Sigmund, Topology Optimization : Theory, Methods, and Applications, (Springer, New York, 2003).

[81] J. B. Pendry, Phys. Rev. Lett., Phys. Rev. Lett. **85**, 3966 (2000) ; D. R. Smith, J. B. Pendry, et M. C. K. Wiltshire, Science **305**, 788 (2004) ; J. B. Pendry et D. R. Smith, Phys. Today **57**, 37 (2004) ; J. B. Pendry, . J. Holden, W. J. Stewart, et I. Youngs, Phys. Rev. Lett. **76**, 4773 (1996), J. B. Pendry, A. J. Holden, D. J. Robbins, et W. J. Stewart, IEEE Trans. Microwave Theory Tech. **47**, 2075 (1999), et D. R. Smith, W. J. Padilla, D. C. Vier, S. C. Nemat-Nasser, et S. Schultz, Phys. Rev. Lett. **84**, 4184 (2000).

[82] G. Shvets et Y. A. Urzhumov, Phys. Rev. Lett. **93**, 243902 (2004).

[83] D. R. Fredkin et I. D. Mayergoyz, Phys. Rev. Lett. **91**, 253902 (2003) ; I. D. Mayergoyz, D. R. Fredkin, et Z. Zhang, Phys. Rev. B **72**, 155412 (2005).

[84] D. J. Bergman et D. Stroud, Solid State Phys. **46**, 147 (1992) ; M. I. Stockman, S. V. Faleev, et D. J. Bergman, Phys. Rev. Lett. **87**, 167401 (2001).

[85] I. Grigorenko, S. Haas, et A. F. J. Levi, Phys. Rev. Lett. **97**, 036806 (2006).

[86] D. J. Bergman, Phys. Rep. **43**, 377 (1978). Voir aussi D. J. Bergman, Phys. Rev. B **14**, 4304 (1976), D. J. Bergman et K.-J. Dunn, Phys. Rev. B **45**, 13262 (1992), et D. J. Bergman, in *Les Méthodes de l'Homogénéisation : Théorie et Applications en Physique*, Lecture Notes from the EDF Summer School on Homogenization Theory in Physics and Applied Mathematics, Bréau-Sans-Nappe, France, 1983 (Eyrolles, Paris, 1985), p. 1 ; K. Golden et G. Papanicolaou, J. Stat. Phys. **40**, 655 (1985).

[87] R. Landauer, in *Electrical Transport and Optical Properties of Inhomogeneous Media*, J. C. Garland et D. B. Tanner, eds., AIP Conf. Proc. N° 40, (AIP, New York, 1978), p. 2. Voir aussi R. Landauer, J. Appl. Phys. **23**, 779 (1952).

[88] A. Mejdoubi et C. Brosseau, J. Appl. Phys, **101**, 084109 (2007)

[89] A. Mejdoubi et C. Brosseau, Phys. Rev. B **74**, 165424 (2006).

[90] P. B. Johnson et R. W. Christy, Phys. Rev. B **6**, 4370 (1972).

[91] S. Nie et S. R. Emory, Science **275**, 1102 (1997).

[92] N. Garcia, E. V. Ponizovskaya, et J. Q. Xiao, Appl. Phys. Lett. **80**, 1120 (2002).

[93] J. D. Jackson, *Classical Electrodynamics*, 2nd ed., (Wiley, New York, 1975).

[94] U. Kreibig et M. Vollmer, *Optical Properties of Metal Clusters*, (Springer-Verlag, Berlin, 1995).

[95] N. A. Hill, Annu. Rev. Mater. Res. **32**, 1 (2002).

[96] S. Linden, M. Decker, and M. Wegener, Phys. Rev. Lett. **97**, 083902 (2006).

[97] M. Beran, Nuovo Cimento **38**, 771 (1965).

[98] J. Zhou, Th. Koschny, M. Kafesaki, E. N. Economou, J. B. Pendry, et C. M. Soukoulis, Phys. Rev. Lett. **95**, 223902 (2005), W. J. Padilla, A. J. Taylor, C. Highstrete, M. Lee, et R. D. Averitt, Phys. Rev. Lett. **96**, 107401 (2006).

[99] V. G. Veselago, Soviet Physics USPEKI **10**, 509 (1968) ; N. Engheta, IEEE Antennas and Wireless Prop. Lett. **1**, 10-13, (2002) ; A. Alu et N. Engheta, IEEE Trans. On Antennas and Propag. **51**, 2558 (2003), et N. Engheta, A. Salandrino, et A. Alu, Phys. Rev. Lett. **95**, 095504 (2005) ; P. Chakraborty, J. Mater. Sci. **33**, 2235 (1998).

[100] R. Baer, D. Neuhauser, et S. Weiss, Nano Lett. **4**, 85 (2004).

[101] S. L. Westcott, J. B. Jackson, C. Radloff, et N. J. Halas, Phys. Rev. B **66**, 155431 (2002).

[102] U. Koert, Phys. Chem. Chem. Phys. **7**, 1501 (2005) ; Y. Jiang, A. Lee, J. Chen, V. Ruta, M. Cadene, B. Chait, et R. MacKinnon, Nature (London) **423**, 33 (2003) ; K. D. Keuer, Chem. Mater. **8**, 610 (1996) ; B. Roux et M. Karplus, Biophys. J. **59**, 961 (1991) ; T. W. Allen, O. S. Andersen, et B. Roux, Proc. Natl. Acad. Sci. U. S. A. **101**, 117 (2004) ; K. Asami, J. Phys. D **39**, 492 (2006) ; R. Wiese, Luminescence **18**, 25 (2003).

[103] H. P. Schwan, Electrical Properties of Tissue and Cell Suspensions, *in Advances in Biological and Medical Physics*, vol. **5**, J. H. Lawrence et C. A. Tobias, eds., (Academic, New York, 1957) ; K. R. Foster et H. P. Schwan, Dielectric Properties of Tissues, in *Handbook of Biological Effects of Electromagnetic* Fields, 2nd. ed., C. Polk et E. Postow, eds. (CRC Press, Boca Raton, FL, 1996).

[104] S. Kuhn, U. Hakanson, L. Rogobete, and V. Sandoghbar, Phs. Rev. Lett. **97**, 017402 (2006).

[105] M. D. Barnes, A. Metha, T. Thundat, R. N. Bhargava, V. Chhabra, et B. Kulkarni, J. Phys. Chem. B **104**, 6099 (2000).

[106] N. Bowler, J. Phys. D **44**, 3897 (2004) ; N. Bowler, IEEE Trans. Dielectr. Electr. Insul. **13**, 703 (2006) ; I. J. Youngs, N. Bowler, et O. Ugurlu, J. Phys. D **39**, 1312 (2006).

[107] W. R. Tinga, W. A. G. Voss, et D. F. Blossey, J. Appl. Phys. **44**, 3897 (1973).

[108] A. H. Sihvola et I. V. Lindell, Polarizability Modeling of Heterogeneous Media, in *Dielectric Properties of Heterogeneous Materials*, Progress in Electromagnetics Research, A. Priou, ed., (Elsevier, New York, 1992).

[109] P.A.M. Steeman, F.H.J. Maurer, Colloid and Polymer Science, Vol. **268**, 315 (1990).

[110] A. N. Nicorovici, R. C. McPhedran et G. W. Milton, Proc. Roy. Sc. London, Ser. A, Math. and Phys. Sc., **442**, 599 (1993) ; A. N. Nicorovici, R. C. McPhedran et G. W. Milton, Phys. Rev. B **49**, 8479 (1994).

[111] C. Brosseau and A. Beroual, J. Phys. D **34**, 704 (2001).

[112] L. Landau, E. M. Lifshitz, et L. P. Pitaevskii, *Electrodynamics of Continuous Media*, (Butterworth-Heinemann, Oxford, 1984) et J. D. Jackson,Classical Electrodynamics, 2nd ed., (Wiley, New York, 1975).

[113] F. Wang et Y. R. Shen, Phys. Rev. Lett. **97**, 206806 (2006).

[114] A. Mejdoubi et C. Brosseau, Phys. Rev. (sous presse)

[115] A. Mejdoubi et C. Brosseau, Phys. Rev. (sous presse)

[116] D. R. Fredkin, et I. D. Mayergoyz, Phys. Rev. Lett. **91**, 253902 (2003) ; I. D. Mayergoyz, D. R. Fredkin, et Z. Zhang, Phys. Rev. B **72**, 155412 (2005).

[117] S. Y. Yang and C. T. Chang, J. Appl. Phys. **100**, 083105 (2006).

[118] Y. Wu, J. Li, Z-Q. Zhang, and C. T. Chan, Phys. Rev. B **74**, 085111 (2006).

[119] R D. Averitt, D. Srakar, and N. J. Halas, Phys. Rev. Lett. **78**, 4217 (1997).

[120] A. Mdarhri, C. Brosseau, et F. Carmona, J. Appl. Phys. **101**, 084111 (2007).

[121] B. B. Mandelbrot, *les Objets Fractals*, (Flammarion, Paris, 1989).

[122] C. Brosseau, W. Ndong, V. Castel, J. Ben Youssef, et A. Vidal, J. Appl. Phys. (sous presse).

Annexes

A

Facteurs de dépolarisation

Nous avons calculé au chapitre 5, le facteur de dépolarisation (FD) correspondant à une inclusion de forme arbitraire. Le FD dépend de la forme géométrique considérée, mais aussi des permittivités de l'inclusion et du milieu environnant. De façon assez générale, il est intéressant de pouvoir associer une formule analytique du FD, sauf pour les formes simples d'inclusions. A titre d'exemple, nous détaillons ici le principe du calcul pour un ellipsoïde.

Soit un ellipsoïde diélectrique homogène de volume V, dont les axes principaux sont a_x, a_y et a_z soumis à un champ extérieur uniforme E_0. On se place dans le repère Cartésien $(O, \vec{u}_x, \vec{u}_y, \vec{u}_z)$ dont les vecteurs unitaires sous-tendent les directions des axes principaux de l'ellipsoïde (Fig. A.1).

On appelle FDs les constantes positives suivantes [12, 13] :

$$A_k = \frac{a_x a_y a_z}{2} \int_0^\infty \frac{du}{(u + a_k^2)\sqrt{(u + a_x)^2 (u + a_y)^2 (u + a_z)^2}} \tag{A.1}$$

l'indice k étant égal à x, y ou z.

Les expressions des coefficients de dépolarisation dérivent de la résolution de l'équation de base de l'Électrostatique :

$$\Delta V = -\frac{\rho}{\varepsilon} \tag{A.2}$$

Les FDs sont toujours positifs et leur somme est égale à l'unité [112].

$$A_x + A_y + A_z \;=\; 1 \tag{A.3}$$

$$\text{donc} \qquad \forall k \;=\; x, y \text{ ou } z \quad 0 \leq A_k \leq 1$$

Pour l'ellipse de révolution, l'ellipsoïde allongé et aplati, diverses expressions pour l'intégrale (A.1) ont été proposées [13]. Dans le cas d'un ellipsoïde de révolution allongé ($a_x > a_y = a_z$) ces coefficients s'écrivent :

$$A_x = \frac{1 - e^2}{2e^3} \left(\ln \frac{1 + e}{1 - e} - 2e \right) \tag{A.4}$$

et

$$A_y = A_z = \frac{1}{2}(1 - A_x) \tag{A.5}$$

Le coefficient e est appelé excentricité de l'ellipsoïde, avec $e = \sqrt{1 - a_y^2/a_x^2}$. Pour les sphéroïdes allongés (presque sphériques), qui ont une excentricité faible, les FDs deviennent :

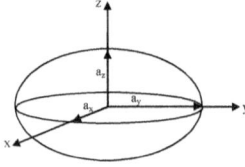

Fig. A.1 – *Géométrie d'un ellipsoïde diélectrique.*

$$A_x \simeq \frac{1}{3} - \frac{2}{15}e^2 \tag{A.6}$$

$$A_y = A_z \simeq \frac{1}{3} + \frac{1}{15}e^2 \tag{A.7}$$

Pour un ellipsoïde de révolution aplati ($a_x < a_y = a_z$), ces quantités prennent la forme suivante :

$$A_z = \frac{1+e^2}{e^3}(e - \tan^{-1} e) \tag{A.8}$$

$$A_x = A_y = \frac{1}{2}(1 - A_z) \tag{A.9}$$

où $e = \sqrt{a_x^2/a_z^2 - 1}$. Pour les sphéroïdes aplatis (presque sphériques) les coefficients deviennent :

$$A_z \simeq \frac{1}{3} + \frac{2}{15}e^2 \tag{A.10}$$

$$A_x = A_y \simeq \frac{1}{3} - \frac{1}{15}e^2 \tag{A.11}$$

Les facteurs de dépolarisation ne dépendent que du rapport a_y/a_x et non des dimensions absolues de la particule. Dans le cas particulier d'une particule très allongée, présentant une géométrie cylindrique, il est simple de montrer, par un développement limité de la relation (A.4), que le coefficient A_x tend vers 0 pour $a_x \gg a_y$, ce qui donne $A_y = A_z = 1/2$.

Si l'échantillon considéré a une géométrie plane avec $a_x \ll a_y = a_z$, les FDs. A_x, A_y et A_z prennent respectivement les valeurs 1, 0 et 0. Dans le cas d'une sphère, les valeurs des demi-axes sont les mêmes et donc, d'après (A.1) : $A_x = A_y = A_z = 1/3$. Les Figs. A.2 et A.3 [13] donnent les variations correspondantes des FDs en fonction du rapport des axes.

Dans le cas général, pour un ellipse à trois axes principaux différents, le FD peut être calculé à partir de l'intégrale elliptique (A.1) [12, 13]. Cette intégral peut s'exprimer au moyen de fonctions élémentaire différentes selon la valeur de l'excentricité.

Dans le cas où les semiaxes de l'ellipsoïde sont choisi dans l'ordre, suivant $a_x > a_y > a_z$, les FDs sont donnés par les équations suivantes :

$$A_x = \frac{a_x a_y a_z}{(a_x^2 - a_y^2)\sqrt{a_x^2 - a_z^2}}[F(\phi, k) - E(\phi, k)] \tag{A.12}$$

$$A_y = 1 - A_x - A_z \tag{A.13}$$

$$A_z = \frac{a_y}{a_y^2 - a_z^2}\left[a_y - \frac{a_x a_z}{\sqrt{a_x^2 - a_z^2}}E(\phi, k)\right] \tag{A.14}$$

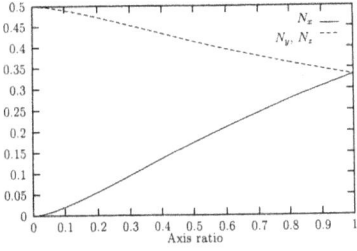

Fig. A.2 – *Facteurs de dépolarisation d'un ellipsoïde allongé en fonction du rapport des axes. $a_z/a_x(=a_y/a_x)$ [13]. Pour rester cohérent avec les notations que nous avons utilisées dans ce manuscrit, les N doivent être changés en A.*

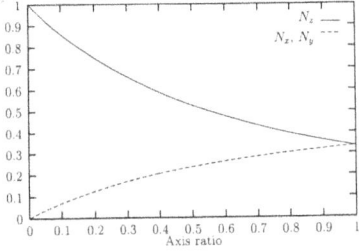

Fig. A.3 – *Facteurs de dépolarisation d'un ellipsoïde aplati en fonction du rapport des axes. $a_z/a_x(=a_z/a_y)$ [13]. Pour rester cohérent avec les notations que nous avons utilisées dans ce manuscrit, les N doivent être changés en A.*

où

$$F(\phi,k) = \int_0^\infty \frac{d\theta}{\sqrt{1-k^2\sin^2\theta}} \tag{A.15}$$

$$E(\phi,k) = \int_0^\infty \sqrt{1-k^2\sin^2\theta}\,d\theta \tag{A.16}$$

Jusqu'à maintenant nous avons considéré le cas d'un milieu isotrope. Le problème est beaucoup plus compliqué si on considère un milieu anisotrope pour les propriétés physiques sont tensorielles. Considérons le milieu ambiant caractérisé par les tenseurs diagonaux de permittivité et perméabilité magnétique donnés par :

$$\overleftrightarrow{\varepsilon} = \varepsilon_0 \begin{bmatrix} \varepsilon_x & 0 & 0 \\ 0 & \varepsilon_y & 0 \\ 0 & 0 & \varepsilon_z \end{bmatrix} \quad et \quad \overleftrightarrow{\mu} = \mu_0 \begin{bmatrix} \mu_x & 0 & 0 \\ 0 & \mu_y & 0 \\ 0 & 0 & \mu_z \end{bmatrix}$$

Dans le cadre de l'approximation quasi-statique, en écrivant que les champs électriques dérivent d'un potentiel V, l'équation de Poisson devient [12] :

$$\left[\varepsilon_x \frac{\partial^2}{\partial_x^2} + \varepsilon_y \frac{\partial^2}{\partial_y^2} + \varepsilon_z \frac{\partial^2}{\partial_z^2}\right] V = -\frac{\rho}{\varepsilon_0} \tag{A.17}$$

Excepté dans le cas d'un milieu isotrope ($\varepsilon_x = \varepsilon_y = \varepsilon_z$), l'équation de Poisson ne se réduit pas à l'équation de Laplace $\Delta V = 0$ en l'absence de charges extérieures. Cependant, il est possible de se ramener à l'équation de Laplace dans un nouveau repère parallèle aux axes propres du tenseur $\overline{\overline{\varepsilon}}$.

Les axes de l'ellipsoïde se réécrivent [12] :

$$a'_x = a_x/\sqrt{\varepsilon_0\varepsilon_x}, \quad a'_y = a_y/\sqrt{\varepsilon_0\varepsilon_y}, \quad a'_z = a_z/\sqrt{\varepsilon_0\varepsilon_z},$$

Les Eqs. A.4 et A.5 deviennent alors :

– ellipsoïde oblate

$$A'_x = \frac{1 + e^{*2}}{e^{*3}}\left[e^* - \arctan(e^*)\right] \quad \text{où} \quad e^* = \sqrt{\frac{a_y^2}{a_x^2}\frac{\varepsilon_x}{\varepsilon_y} - 1} \tag{A.18}$$

– ellipsoïde prolate

$$A'_x = \frac{1 - e^{*2}}{2e^{*3}}\left[\ln\left(\frac{1 + e^*}{1 - e^*}\right) - 2e^*\right] \quad \text{où} \quad e^* = \sqrt{1 - \frac{a_y^2}{a_x^2}\frac{\varepsilon_x}{\varepsilon_y}} \tag{A.19}$$

avec toujours : $A'_y = A'_z = \frac{1}{2}[1 - A'_x]$.

Les excentricités e^* sont désormais des fonctions complexes. Si nous nous intéressons à l'excentricité réduite :

$$e' = \frac{a'_y}{a'_x} = \frac{a_y}{a_x}\sqrt{\frac{\varepsilon_x}{\varepsilon_y}} \tag{A.20}$$

Nous constatons que l'anisotropie du milieu ambiant "aplati" l'ellipsoïde selon la direction des fortes valeurs principales du tenseur $\overline{\overline{\varepsilon}}$, et l'allonge selon la direction des plus faibles valeurs.

Fractal

L'émergence dans les années 1970 du concept de géométrie fractale a révélé une richesse insoupçonnée d'applications dans les disciplines scientifiques les plus diverses. Tout d'abord considérées comme des curiosités, voir de simples "jouets" mathématiques, les fractales sont devenues notamment grâce à B. Mandelbrot [121], un moyen de description puissant de phénomènes physique aussi divers que la turbulence, les phénomènes non-linéaires, ou encore le chaos spatial.

B.1   Qu'est-ce qu'une fractale ?

L'objet de cette annexe est de proposer un survol très rapide de la notion de géométrie fractale.

Une fractale qu'elle soit déterministe ou aléatoire est un objet mathématique dont la conception relève de l'irrégularité et de la fragmentation. Ses principales caractéristiques sont [121] :

– une structure complexe à chaque niveau d'itération (ou d'observation),

– une dimension non entière (la dimension fractale),

– une autosimilarité et une indépendance de l'échelle d'observation ; en d'autres termes, chaque partie d'une fractale lorsqu'elle est agrandie, reproduit l'ensemble.

Le concept clé pour décrire les propriétés mathématiques d'un objet fractal est la dimension fractale. Celle-ci, nous renseigne sur les degrés d'irrégularité et de fragmentation, ainsi que sur la complexité de l'organisation de l'objet fractal.

Soit un objet initial formé de N parties autosimilaires, chacune de ces parties étant réduite d'un facteur r par rapport à l'objet initial, la dimension fractale est donnée par la formule suivante :

$$D = \frac{\log(N)}{\log\left(\frac{1}{r}\right)} \tag{B.1}$$

La dimension fractale est un nombre généralement non-entier qui varie entre 0 et 3 dans l'espace usuel. Il y a donc dans la géométrie fractale, plusieurs dimensions comprises entre les dimensions entières de la géométrie euclidienne :

– si la dimension fractale d'un objet est comprise entre 0 et 1, alors l'ensemble de points qui constitue l'objet a la capacité de remplir une ligne mais sans jamais l'atteindre. Si la dimension est inférieure à 0.5, c'est que l'ensemble de points occupe un espace intermédiaire entre le point et la ligne, quoique plus proche du point ; si la dimension est inférieure à 0.5, l'espace occupé est plus proche de la ligne. C'est le cas des ensembles discontinus de points appelés poussières, comme la poussière de Cantor (Fig. B.1).

– si la dimension fractale d'un objet est comprise entre 1 et 2, alors la ligne qui constitue l'objet a la capacité de remplir une surface mais sans jamais l'atteindre. C'est le cas des courbes ou des surfaces planes, comme les côtes ou les mosaïques, par exemple, la courbe de Von Koch B.2.

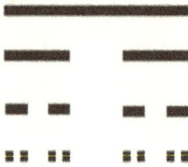

Fig. B.1 – *Premières itérations de la poussière*
de Cantor

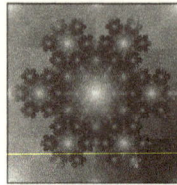

Fig. B.2 – *Courbe de Von Koch*

Fig. B.3 – *Eponge de Menger*

- si la dimension fractale d'un objet est comprise entre 2 et 3, alors la surface qui constitue l'objet a la capacité de remplir un volume mais sans jamais l'atteindre. C'est le cas des objets qui ont un volume comme les éponges telle l'éponge de Menger (Fig. B.3).

B.2   Notion d'autosimilarité, stricte ou statistique

Le mécanisme de construction des structures fractales mathématiques (l'itération d'une même opération à différentes échelles un nombre infini de fois) conduit à des structures où l'on retrouve le motif de base réduit d'un certain facteur à tous les niveaux d'observation. Cette propriété de symétrie par dilatation est appelée autosimilarité (ou invariance par changement d'échelle).

Dans l'idéalisation mathématique où la même décomposition est poursuivie à une infinité de niveaux, les fractales strictement autosimilaires sont des objets limites dont on ne peut représenter qu'une image approchée à une itération donnée. Cette représentation est appelée préfractale mais on utilise couramment l'expression fractale à l'itération d'ordre n.

Un grand nombre de formes complexes trouvées dans la nature possèdent une propriété d'invariance par dilatation. Les côtes maritimes, les réseaux fluviaux, les reliefs montagneux, les nuages, le réseau capillaire sanguin, les alvéoles pulmonaires, l'univers lui-même, sont divisés en blocs de construction hiérarchisés. Leurs détails structuraux, observés à différents niveaux de grossissements, peuvent être vus comme une réplique à échelle réduite du tout.

Ces fractales naturelles ne possèdent pas une infinité de détails en raison des processus d'évolution complexes qui les engendrent (croissance, agrégation, érosion, sédimentation, activité tectonique, etc), leur autosimilarité n'est que statistique. L'autosimilarité statistique est effective lorsqu'il n'est pas possible d'ordonner différents agrandissements de l'objet.

www.ingramcontent.com/pod-product-compliance
Lightning Source LLC
Chambersburg PA
CBHW021107210326
41598CB00016B/1367